高手之路

大疆无人机
航拍与后期制作教程

周 坤 ◎ 编著

中国铁道出版社有限公司
CHINA RAILWAY PUBLISHING HOUSE CO., LTD.

图书在版编目（CIP）数据

高手之路：大疆无人机航拍与后期制作教程 / 周坤编著. -- 北京：中国铁道出版社有限公司, 2025.5.
ISBN 978-7-113-32007-2

Ⅰ. TB869; TP391.413

中国国家版本馆 CIP 数据核字第 2025ML5702 号

书　　名：	高手之路——大疆无人机航拍与后期制作教程
	GAOSHOU ZHI LU：DAJIANG WURENJI HANGPAI YU HOUQI ZHIZUO JIAOCHENG
作　　者：	周　坤

责任编辑：	张亚慧	编辑部电话：（010）51873035		电子邮箱：lampard@vip.163.com
封面设计：	宿　萌				
责任校对：	刘　畅				
责任印制：	赵星辰				

出版发行：中国铁道出版社有限公司（100054，北京市西城区右安门西街 8 号）
网　　址：https://www.tdpress.com
印　　刷：北京盛通印刷股份有限公司
版　　次：2025 年 5 月第 1 版　2025 年 5 月第 1 次印刷
开　　本：787 mm×1 092 mm　1/16　印张：16.75　字数：322 千
书　　号：ISBN 978-7-113-32007-2
定　　价：99.00 元

版权所有　侵权必究

凡购买铁道版图书，如有印制质量问题，请与本社读者服务部联系调换。电话：（010）51873174
打击盗版举报电话：（010）63549461

前　言

在数字化浪潮的推动下，无人机航拍已经成为记录世界的重要方式。它不仅改变了我们观察和表达的方式，更为我们打开了一扇通往无限创意的大门。作为本书的作者，我深感荣幸能与你们分享我在这一领域的经验和见解。

我是周坤，网名星城天际线，毕业于湖南大学中国语言文学学院。我曾在长沙电视台、芒果 TV 等主流媒体担任摄影师，作品多次获得长沙广播电视奖和湖南省广播电视奖。2023 年，我荣获长沙市新媒体影响力评选网络新秀奖和微信视频号年度优秀创作者称号。2024 年，我有幸成为央视龙年春晚长沙分会场的航拍合作摄影师，这不仅是对我专业技能的认可，也是对我创新思维的肯定。

在多年的航拍实践中，我积累了丰富的实战经验，也形成了自己独特的构图与光影风格——特写式构图与国风式光影。这些经验与风格，都将在本书中毫无保留地分享给读者。希望通过这本书，能够帮助读者提升航拍技能，开拓创意视野，让每一次飞行都能成为一次艺术创作。

这本书的诞生，最初源于一个简单而坚定的信念：无论是初学者，还是有一定基础的航拍爱好者，都能通过系统的学习和实践，成为真正的航拍高手。在无人机航拍的世界里，我们既是天空的探险者，也是光影的魔术师。我们追逐日出日落，捕捉城市与自然的瞬息万变；我们翱翔于山川湖海之上，记录这个世界的壮丽与温柔。

作为本书的作者，希望通过这本书，能带领大家走进无人机航拍的神秘世界，感受航拍带来的震撼与美感。这本书凝聚了我多年的拍摄经验和心得，从航拍准备、飞行技巧、构图拍法到后期制作，每一个章节都力求做到深入浅出，让读者能够轻松上手，快速掌握。

在编写这本书的过程中，特别注意到了内容的实用性和全面性。航拍不仅仅是一项技术活儿，更是一门艺术。因此，在本书中，不仅详细讲解了无人机的操作技巧，还着重介绍了航拍构图、光影运用等艺术方面的知识。希望通过这本书，让读者在掌握技术的同时，也能培养出独特的审美眼光和艺术创造力。

在航拍准备篇中，为大家介绍了如何检查环境和拍摄设备，以确保飞行安全；如何选择合适的天气和时间段进行航拍，以捕捉到最美的光影效果；以及如何在不同的场景下选择合适的拍摄设备和参数设置。这些基础知识对于每一位航拍爱好者来说都是必不可少的。

在飞行技巧篇中，详细讲解了无人机的基本飞行动作和进阶飞行技巧。无论是简单的上升、后退、左右飞行，还是复杂的环绕、俯仰、跟随拍摄，都通过具体的案例和技巧讲解，让读者能够轻松掌握。此外，还特别介绍了如何利用地形和光线进行拍摄，以及如何捕捉光影瞬间，让航拍作品更具艺术感和表现力。

当然，航拍作品的成功不仅取决于前期的拍摄，后期的制作同样至关重要。在后期制作篇中，为读者介绍了如何使用专业的后期软件对航拍作品进行调色、剪辑和合成。从基础的曝光调整、色彩校正到高级的调色处理、特效添加，通过详细的步骤和案例演示，让读者能够轻松掌握后期制作的精髓。

除了技术层面的讲解外，还特别注重培养读者的创作思维和艺术修养。书中穿插了大量的实战案例和作品赏析，旨在让读者通过欣赏和学习优秀的航拍作品，提升自己的审美水平和创作能力。同时，也鼓励读者在实践中不断探索和创新，勇于尝试新的拍摄手法和表现形式，以创作出更具个性和创意的航拍作品。

在撰写本书的过程中，始终站在读者的角度思考：如何让内容更加实用、易懂？如何让案例更加丰富、有趣？如何让技巧更加前沿、有效？相信通过精心设计的章节结构和实战案例，本书能够满足不同水平航拍爱好者和专业人士的学习需求。

我深知，航拍不仅仅是技术的展示，更是情感的传达。每一次飞行，都是与自然对话、与世界交流的过程。希望本书能够帮助你们捕捉到那些转瞬即逝的美景，记录那些触动人心的瞬间，让你们的航拍作品充满生命力和感染力。

此外，还想强调，航拍是一项需要不断学习和探索的技能。无人机技术的发展日新月异，后期制作软件也在不断更新。因此，希望大家保持好奇心，勇于尝试新技巧，不断挑战自我。相信通过持续的学习和实践，你们一定能够成为航拍领域的高手。

让我们一起启程，用无人机的视角，记录这个世界的美好。本书将是你航拍旅程中不可或缺的伙伴。期待你的作品，能如星辰般璀璨。

在写作本书时，是基于当前软件版本截取的实际操作图片（醒图 App 版本 10.7.0、Procreate 版本 5.3.11、剪映 App 版本 14.7.0、剪映电脑版本 6.8.0、DaVinci Resolve 19 版本、DJI Fly App 版本 1.13.9），但书从写作到出版需要一段时间，在这段时间里，软件界面与功能可能会有调整与变化，请在阅读时根据书中的思路，举一反三，进行学习即可，不必拘泥于细微的变化。

最后，感谢所有支持和鼓励我的朋友们，特别是龙飞、邓陆英，以及航拍高手依依作为模特的客串。由于编写匆促，知识水平有限，书中难免有疏漏之处，恳请广大读者批评、指正，联系微信：2633228153。

作　者

2024 年 12 月

目 录

【入门篇】

第 1 章　做好航拍准备，古镇航拍：《铜官窑》　　003

1.1　技巧 1：检查环境和拍摄设备 / 004
1.2　技巧 2：拍摄雨中的古镇 / 004
1.3　技巧 3：拍摄夕阳下的古镇 / 006
1.4　技巧 4：拍摄古镇的夜晚 / 007
1.5　技巧 5：拍摄古镇中的活动 / 009

第 2 章　避免炸机风险，山岭航拍：《桃花岭》　　011

2.1　技巧 1：起飞、降落要小心 / 012
2.2　技巧 2：飞行要注意树木和电线 / 012
2.3　技巧 3：拍摄山岭中的植被 / 014
2.4　技巧 4：拍摄山岭中的湖泊 / 015
2.5　技巧 5：拍摄山岭边的建筑 / 016

第 3 章　选择合适天气，云雾航拍：《星城云海》　　019

3.1　技巧 1：学会查看天气预报 / 020
3.2　技巧 2：在清晨雨后航拍城市云海 / 021
3.3　技巧 3：航拍云海中的高耸建筑 / 022
3.4　技巧 4：航拍云海中的山岭 / 023
3.5　技巧 5：航拍云海中的桥梁 / 025
3.6　技巧 6：航拍云海中的日出 / 026

第4章　选择最佳时间，航拍江景：《湘江风光》　　029

  4.1 技巧1：航拍日出时分的江景 / 030
  4.2 技巧2：航拍夏日午后的江景 / 031
  4.3 技巧3：航拍日落时分的江景 / 032
  4.4 技巧4：航拍蓝色时刻的江景 / 034

第5章　基本构图技巧，酒店航拍：《星空旅人》　　037

  5.1 技巧1：中心构图 / 038
  5.2 技巧2：前景构图 / 039
  5.3 技巧3：曲线构图 / 040
  5.4 技巧4：对比构图 / 042
  5.5 技巧5：对角线构图 / 043

第6章　进阶构图拍法，湖景航拍：《别样美景》　　045

  6.1 技巧1：掌握多种航拍角度 / 046
  6.2 技巧2：使用多点构图航拍湖景 / 047
  6.3 技巧3：使用斜线构图航拍湖景 / 049
  6.4 技巧4：使用对称构图航拍湖景 / 050

第7章　设置视频格式，荷花航拍：《初夏荷花》　　053

  7.1 技巧1：设置视频的拍摄格式和色彩 / 054
  7.2 技巧2：低角度前飞拍摄荷花 / 055
  7.3 技巧3：高角度环绕拍摄荷花 / 057
  7.4 技巧4：侧面跟拍荷花田中的人 / 058
  7.5 技巧5：旋转拍摄荷花田中的人 / 059

第8章　调整曝光参数，日出航拍：《日出东方》　　061

  8.1 技巧1：调整无人机的曝光参数 / 062
  8.2 技巧2：借用前景元素航拍日出 / 063
  8.3 技巧3：在大围山拍摄日出 / 064

目　录

8.4　技巧4：在爱晚亭拍摄日出 / 066
8.5　技巧5：在橘子洲拍摄日出 / 067

第9章　简单飞行动作，航拍车流：《立交桥之美》　071

9.1　技巧1：上升飞行 / 072
9.2　技巧2：后退飞行 / 073
9.3　技巧3：向左飞行 / 074
9.4　技巧4：旋转飞行 / 076
9.5　技巧5：环绕飞行 / 077

第10章　使用俯仰镜头，航拍油菜花：《鹅洲岛》　079

10.1　技巧1：调整相机云台的俯仰角度 / 080
10.2　技巧2：使用俯视侧飞镜头拍摄 / 080
10.3　技巧3：使用俯视旋转镜头拍摄 / 082
10.4　技巧4：使用俯视跟随镜头拍摄 / 083
10.5　技巧5：使用俯视环绕镜头拍摄 / 084

第11章　上升与后退运镜，航拍雪景：《爱晚亭看雪》　087

11.1　技巧1：直线上升拍摄 / 088
11.2　技巧2：上升前进拍摄 / 089
11.3　技巧3：俯视上升拍摄 / 090
11.4　技巧4：后退上升上抬拍摄 / 091

第12章　环绕与侧飞运镜，航拍古代建筑：《古色古香》　093

12.1　技巧1：顺时针环绕拍摄 / 094

12.2 技巧2：逆时针环绕拍摄 / 095
12.3 技巧3：环绕上升拍摄 / 096
12.4 技巧4：环绕靠近拍摄 / 097
12.5 技巧5：侧飞运镜拍摄 / 098

第13章 智能飞行技巧，航拍公园：《后湖风光》 101

13.1 技巧1：掌握航拍公园的注意事项 / 102
13.2 技巧2：使用一键短片模式拍摄 / 104
13.3 技巧3：使用智能跟随模式拍摄 / 106
13.4 技巧4：使用全景模式航拍公园 / 108
13.5 技巧5：使用大师镜头航拍公园 / 109

第14章 拍出快镜头画面，航拍延时：《云起星城》 115

14.1 技巧1：掌握延时航拍的注意事项 / 116
14.2 技巧2：掌握4种延时模式 / 117
14.3 技巧3：拍摄侧飞延时画面 / 118
14.4 技巧4：拍摄云霞变化延时视频 / 120
14.5 技巧5：拍摄车流变化延时视频 / 120

第15章 利用地形拍摄，航拍树木：《万物有灵》 123

15.1 技巧1：在平原上航拍夫妻树 / 124
15.2 技巧2：在田园中航拍塔尖树 / 125
15.3 技巧3：在公园里航拍常绿树 / 126
15.4 技巧4：在道路上航拍梧桐树 / 127
15.5 技巧5：在文化园航拍樱花树 / 128

第16章 多角度拍摄，航拍大桥：《银盆岭大桥》 131

16.1 技巧1：前飞拍摄大桥正面 / 132
16.2 技巧2：侧飞拍摄大桥侧面 / 133
16.3 技巧3：上升拍摄大桥建筑 / 134

16.4 技巧4：旋转拍摄大桥上方 / 135
16.5 技巧5：后退拍摄大桥侧面 / 136

第17章 捕捉光影瞬间，航拍日落：《霞光满天》   139

17.1 技巧1：拍摄日落星芒画面 / 140
17.2 技巧2：拍摄日落时分的水面 / 141
17.3 技巧3：拍摄日落时分的港口 / 142
17.4 技巧4：拍摄日落时分的剪影 / 143
17.5 技巧5：拍摄城市的日落晚霞 / 144

【专题篇】

第18章 建筑航拍，使用鸟瞰视角：《星城魅力》   149

18.1 技巧1：了解航拍建筑高楼的炸机风险 / 150
18.2 技巧2：俯视环绕拍摄 / 151
18.3 技巧3：俯视右飞拍摄 / 152
18.4 技巧4：俯视旋转拍摄 / 153
18.5 技巧5：长焦侧飞拍摄 / 154

第19章 夜景航拍，航拍城市灯光：《湘江两岸》   157

19.1 技巧1：打开无人机的夜景模式 / 158
19.2 技巧2：拍摄江边的夜景建筑 / 159
19.3 技巧3：拍摄夜晚中的大桥 / 160
19.4 技巧4：拍摄夜晚中的古建筑 / 161
19.5 技巧5：拍摄夜晚中的游轮 / 162

第 20 章　人像航拍，花海拍摄技巧：《围山杜鹃》　　165

20.1　技巧 1：长焦环绕拍摄 / 166
20.2　技巧 2：侧面跟随拍摄 / 167
20.3　技巧 3：正面环绕跟拍 / 168
20.4　技巧 4：背面环绕跟拍 / 169
20.5　技巧 5：顺时针环绕跟拍 / 170

第 21 章　烟花航拍，捕捉绽放瞬间：《浏阳花火》　　173

21.1　技巧 1：使用 3 倍长焦拍摄烟花 / 174
21.2　技巧 2：使用 7 倍长焦拍摄烟花 / 175
21.3　技巧 3：借用前景拍摄烟花 / 176
21.4　技巧 4：使用环绕运镜拍摄烟花 / 177
21.5　技巧 5：使用后退运镜拍摄烟花 / 178

第 22 章　赛事航拍，跟拍运动中的物体：《浏阳河龙舟》　　181

22.1　技巧 1：做好飞行报备 / 182
22.2　技巧 2：提前踩点、了解赛程 / 182
22.3　技巧 3：前飞上抬镜头开场 / 183
22.4　技巧 4：对冲拍摄龙舟 / 184
22.5　技巧 5：俯视跟拍龙舟 / 185
22.6　技巧 6：侧面跟拍龙舟 / 187
22.7　技巧 7：背面跟拍龙舟 / 188
22.8　技巧 8：后退镜头宣告结束 / 189

第 23 章　宣传片航拍，云海田园：《蕗果之乡》　　191

23.1　技巧 1：航拍田园的注意事项 / 192
23.2　技巧 2：拍摄田园中的河流 / 192
23.3　技巧 3：拍摄田园中的梯田 / 194
23.4　技巧 4：拍摄田园中的茶园 / 195
23.5　技巧 5：拍摄田园中的村庄 / 196

【后期篇】

第 24 章　使用醒图调整航拍照片：《限时落日》　　201

24.1　技巧 1：调整照片的比例 / 202
24.2　技巧 2：去除照片中的瑕疵 / 204
24.3　技巧 3：调整照片的曝光 / 206
24.4　技巧 4：调整照片的色彩 / 207
24.5　技巧 5：为照片添加贴纸和文字 / 209

第 25 章　标题文字与封面制作：《洋湖春光》　　211

25.1　技巧 1：下载 Procreate 和导入笔刷 / 212
25.2　技巧 2：在 Procreate 中手写标题 / 215
25.3　技巧 3：将标题文字导入到视频中 / 218
25.4　技巧 4：在剪映手机版中制作封面 / 223

第 26 章　使用达芬奇进行调色：《秀丽公园》　　227

26.1　技巧 1：新建项目和导入素材 / 228
26.2　技巧 2：分离片段和添加音乐 / 230
26.3　技巧 3：添加标记和分割片段 / 231
26.4　技巧 4：分段调色和添加转场 / 233
26.5　技巧 5：添加字幕和导出视频 / 237

第 27 章　使用剪映剪辑大片：《长沙之美》　　241

27.1　技巧 1：导入素材和添加音乐 / 242
27.2　技巧 2：制作蒙版开场效果 / 245
27.3　技巧 3：添加特效和滤镜调色 / 247
27.4　技巧 4：添加标题和解说字幕 / 249
27.5　技巧 5：制作求关注片尾 / 252

入门篇

| 第 1 章 |

做好航拍准备，古镇航拍：《铜官窑》

在航拍之前，用户需要做好航拍准备。在选择古镇作为航拍地点时，要特别注意避开人群密集区域、古建筑上方及禁飞区（除非获得特别许可），尽量选择开阔且安全的起飞点和降落点，确保无人机有足够的空间进行起飞和降落。本章将为大家介绍相应的飞行注意事项和拍摄技巧。本书以大疆御 3 Pro 无人机为主要机型，操控以"美国手"摇杆模式为主。

1.1 技巧1：检查环境和拍摄设备

检查飞行环境和拍摄设备，能让我们顺利地使用无人机，保证无人机的飞行安全，下面为大家介绍检查顺序。

① 环境检查：确认飞行区域天气状况良好，无极端天气。确认飞行区域合法，无禁飞区、限制空域或人口密集区域。

② 设备外观检查：检查无人机机身是否有损坏、裂缝或部件松动。确认螺旋桨无损坏，安装正确且拧紧。

③ 电池检查：确认电池电量充足，电压正常。检查电池插头和无人机电池舱的连接是否牢固。确认电池没有鼓包、漏液或其他损坏迹象。

④ 遥控器和接收器检查：检查遥控器电池电量。确认遥控器各操纵杆、按钮和开关功能正常。检查无人机接收器工作状态。

⑤ 相机和云台检查：确认相机安装稳固，云台平衡调整正确。检查相机镜头是否清洁，无划痕或污渍。测试相机各项功能，包括拍照、录像、云台控制等。

⑥ 传感器和导航系统检查：确认全球定位系统（global positioning system，GPS）、全球卫星导航系统（global navigation satellite system，GLONASS）或其他导航系统是否锁定卫星信号。检查无人机上的各种传感器，如惯性测量单元（inertial measurement unit，IMU）、指南针是否能正常工作。

⑦ 软件和固件检查：确认无人机、遥控器和相机等设备的固件是最新版本。在软件中检查飞行参数设置，如飞行模式、返航高度等。

⑧ 飞行前功能测试：进行电机旋转测试，确认无异常噪声或震动。测试飞行器起降功能，确保一切正常。

⑨ 配件检查：如果使用额外的配件（如滤镜、减震架等），必须检查它们是否安装正确。

完成以上检查后，无人机就可以进行飞行和拍摄任务了。牢记始终遵守当地的飞行规则和法律法规。

1.2 技巧2：拍摄雨中的古镇

不同于晴天拍摄，在雨中航拍，能够展现出古镇独有的韵味和魅力。雨天常常给人一种沉静、深思的感觉，航拍雨中的古镇有助于营造一种特有的历史感和文化氛围。雨天可以过滤掉一些不必要的细节，使古镇的主要建筑和特色更加突出。

> **温馨提示**
>
> 准备必要的备用物品，如螺旋桨、螺丝刀、清洁布等，以备不时之需，以及制定紧急预案，以应对可能出现的突发情况，如无人机失控、电量不足等。

当然，尽量在雨势适中时进行航拍，避免在暴雨中进行飞行，以免损坏无人机或影响拍摄效果。由于光线较暗，可能需要调整ISO值以提高感光度，同时保持合理的快门速度以避免模糊。雨天为古镇增添了一层朦胧的滤镜，使得建筑在雨中更显古朴与宁静，如图1-1所示。

图1-1　拍摄雨中的古镇

【打杆演示】下面介绍拍摄方法。

无人机飞行到低矮建筑的前面，以高塔建筑为目标中心。

向上推动右侧的摇杆，让无人机向前飞行，越过低矮建筑，如图1-2所示。

图1-2 打杆演示

1.3 技巧3：拍摄夕阳下的古镇

夕阳的暖色调可以给画面带来一种温馨的感觉，能让观众感受到古镇的历史沉淀与安宁。夕阳下的古镇会有明显的明暗对比，这种对比可以增强画面的立体感和深度。夕阳的光线可以使得古镇的色彩更加丰富，比如金黄色的阳光、青砖黛瓦的古色古香等，让画面充满变化。

黄金时刻（日落前后一小时）是拍摄夕阳的最佳时机，此时光线柔和且色彩丰富。

如果可以，使用长焦镜头可以帮助压缩空间，让远处的背景和近处的古镇更加贴近，增加画面的紧凑感。可以寻找有特色的地面元素作为前景，比如古树、古建筑等，增加画面的层次感，如图1-3所示。

【打杆演示】下面介绍拍摄方法。

以建筑群为前景，无人机飞行到建筑群的边缘，拍摄夕阳下的古镇。

向左推动右侧的摇杆，让无人机向左侧飞行。

图1-3 拍摄夕阳下的古镇

第 1 章　做好航拍准备，古镇航拍：《铜官窑》

图 1-3　拍摄夕阳下的古镇（续）

同时向右推动左侧的摇杆，让无人机环绕飞行，拍摄古镇，如图 1-4 所示。

图 1-4　打杆演示

 技巧 4：拍摄古镇的夜晚

当夜晚来临时，古镇又能展现不一样的美。蓝调时刻（太阳刚刚落下但天空仍有余晖的时候）是拍摄的好时机，此时天空呈现深蓝色，与古镇中的灯光可以形成鲜明对比。古镇的灯光与夜色相结合，能够创造出迷人的光影效果，如图 1-5 所示。

【打杆演示】下面介绍拍摄方法。

以建筑群为前景，无人机飞行到建筑群的边缘，以最高建筑为目标。

向上推动右侧的摇杆，让无人机向前飞行，飞进古镇中，如图 1-6 所示。

图 1-5　拍摄古镇的夜晚

图 1-6　打杆演示

1.5 技巧 5：拍摄古镇中的活动

当古镇中有活动时，可以开启无人机中的运动挡和 FPV 模式，进行快速飞行拍摄，比如拍摄打铁花活动和音乐喷泉，用别样的方式展示古镇中的活动，如图 1-7 所示。

图 1-7　拍摄古镇中的活动

【打杆演示】下面介绍拍摄方法。
向右上推动右侧的摇杆，让无人机进行倾斜前飞，拍摄打铁花。
向上推动右侧的摇杆，让无人机前飞，穿越并拍摄音乐喷泉，如图 1-8 所示。

图 1-8　打杆演示

第2章

避免炸机风险，山岭航拍：《桃花岭》

在山岭中航拍，由于树木较多，所以存在一定的飞行风险，尤其是不熟悉的环境，炸机风险会增加，尤其是遇到极端天气时会变得非常危险。用户需要掌握一定的飞行技巧，这样就能保障飞行安全，以及拍出理想的画面。航拍可以展现山岭的全貌，让观众感受到大自然的壮丽与辽阔，本章将介绍相应的拍摄技巧。

技巧1：起飞、降落要小心

无人机起飞和降落是飞行任务中最为关键的环节，需要特别小心谨慎。以下是一些关于无人机起飞和降落时需要注意的事项。

① 降落放置与开机：将无人机放置在平坦且开阔的地面上，开启电源。进行最后一次检查，确保无人机与遥控器的连接正常。

② 解锁与起飞：根据无人机的具体型号和说明书，进行螺旋桨解锁操作。轻轻推动油门杆，使无人机离地并悬停在空中。此时需要微调油门和方向控制，确保无人机能够稳定悬停。

③ 选择降落点：确保降落区域安全无障碍物，如果可能，选择与起飞时相同的地点进行降落。降落点应远离人群和动物，特别是儿童，以防发生意外。

④ 降落过程：缓慢降低无人机的高度，使其与地面平行。在降落过程中，保持遥控天线与飞机脚架保持一致，同时机头与操纵员面向同一方向。当无人机稳定悬停在降落点上方一定高度时（通常为3～5m），可以使用一键降落功能或手动控制降落。

⑤ 降落后的检查：无人机降落后，等待螺旋桨锁定停止转动后再靠近无人机。然后检查无人机外观是否正常，确认无损坏后关闭电源。

> **温馨提示**
>
> 用户最好熟悉无人机的应急操作程序，如失控返航、紧急降落等，在遇到突发情况时能够迅速做出反应并采取相应的应急措施。

技巧2：飞行要注意树木和电线

山岭中的树木是比较多的，如图2-1所示。在飞行前，使用地图或无人机应用的地图功能仔细规划飞行路线，确保避开密集的树林区域。尽量选择在开阔地带飞行，降低与树木接触的风险。

尽量保持无人机在足够的高度上，以确保有足够的空间来应对突发情况，如突然的风向变化或控制失误。同时，这也有助于避免低空飞行时与树木顶部发生碰撞。

用户可以开启无人机的避障功能，如图2-2所示，也可以通过无人机的摄像头或遥控器的屏幕实时观察周围环境，特别注意飞行路径上是否有突出的树木或树枝。如果发现障碍物，及时调整飞行方向或高度以避开。

在起飞前设置一个安全的返航点，并确保该点周围没有树木等障碍物。这样，在电量不足、信号丢失或需要紧急返航时，无人机可以安全地返回该点。

在飞行前，可以进行实地考察，识别飞行路径上的电线。特别注意高压线，因为它们可能带有强烈的电磁场，对无人机的控制系统可能造成干扰。

在飞行过程中，确保无人机与电线保持足够的安全距离。这个距离取决于无人机的型号、大小和飞行速度，一般来说，应至少保持几十米的距离。

图 2-1　山岭中的树木是比较多的

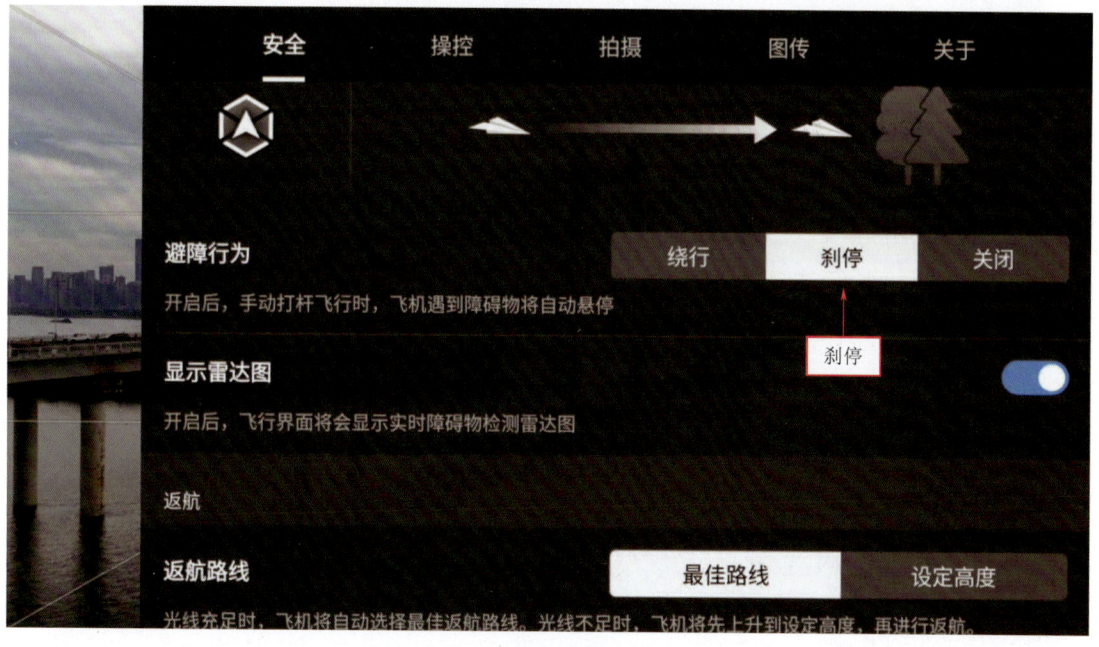

图 2-2　开启无人机的避障功能

许多电线高度较低，在城市郊区或乡村地区的山岭中飞行时，要特别注意飞行高度，避免与电线发生碰撞。

应遵守当地关于无人机飞行的规定和限制，特别是在电力设施附近飞行时。一些电力设施周围可能禁止或限制飞行无人机。

2.3 技巧3：拍摄山岭中的植被

总之，在无人机飞行过程中，要特别注意树木和电线。通过规划飞行路线、保持高度、实时观察周围环境、设置返航点及遵守相关规定和限制，可以最大限度地降低与树木和电线的碰撞风险，确保无人机的安全飞行。

山岭通常拥有壮丽的自然景观，如峰峦叠嶂、峡谷深邃、河流蜿蜒，给人以视觉上的震撼。山岭中的植被也是比较多的，在春、夏季航拍，郁郁葱葱的植被可以给人以视觉上的震撼，如图2-3所示。为了展现植被的全貌，可以选择较高的飞行高度。

图 2-3 拍摄山岭中的植被

【打杆演示】下面介绍拍摄方法。

无人机飞行到山岭中,平拍植被。

向上推动右侧的摇杆,让无人机前进飞行,拍摄山岭中的植被,如图2-4所示。

图 2-4　打杆演示

2.4 技巧 4：拍摄山岭中的湖泊

在一些山岭中还会有一些湖泊,如果只是航拍植被,画面可能比较单调,所以拍摄一些湖泊画面,可以捕捉到植被与湖泊相互交融的美景。湖泊与山岭,往往能形成强烈的视觉对比和冲击力,如湖泊的宁静与山岭的险峻,从而增强作品的表现力,如图2-5所示。

【打杆演示】下面介绍拍摄方法。

无人机先飞到湖泊周边,相机云台垂直90°朝下俯拍山岭。

向上推动右侧的摇杆,让无人机向前飞行。

图 2-5　拍摄山岭中的湖泊

图 2-5　拍摄山岭中的湖泊（续）

同时，向右拨动云台俯仰拨轮，让相机向上抬，拍摄山岭中的湖泊，如图2-6所示。

图 2-6　打杆演示

2.5 技巧 5：拍摄山岭边的建筑

　　山岭周边可能还是山岭，但在村庄和城市附近，可以看到山岭周边的建筑。航拍山岭边的建筑，可以增加画面的层次感，让自然与人文风光有机地融合在一起，展现地域特色，如图2-7所示。

　　【打杆演示】下面介绍拍摄方法。

　　以山岭中的树木为前景，无人机拍摄山岭边的建筑。

　　向上推动右侧的摇杆，让无人机向前飞行，拍摄更多的城市建筑，如图2-8所示。

第 2 章 避免炸机风险，山岭航拍：《桃花岭》

图 2-7 拍摄山岭边的建筑

图 2-8 打杆演示

| 第 3 章 |

选择合适天气，云雾航拍：
《星城云海》

在云雾的包围中，建筑物、山川等地面景物会呈现出不同的形态和光影效果，为用户提供了创造独特视角和构图的机会。在拍摄之前，用户需要选择合适的天气，因为不是每天都会有云雾。通过掌握一定的技巧和规律，从而创作出令人惊艳的云雾航拍作品。

3.1 技巧1：学会查看天气预报

云雾产生的季节一般与气温、湿度及大气稳定性等条件密切相关。通常，云雾在春季、秋季及冬季较为常见。如何提前知道云雾产生的概率呢？学会查看天气预报很重要，下面以莉景天气App为例，介绍查看方法。

打开莉景天气App，设置好地区和时间，比如以2024年8月30日为例，可以看到，出现云海的概率为0～70%，如图3-1所示，出现云海的概率还是比较大的。

下滑界面，可以看到云层的高度，在300 m以下有低层云，这对于航拍而言是非常有利于拍摄到云雾的，如图3-2所示。

图3-1　出现云海的概率为0～70%

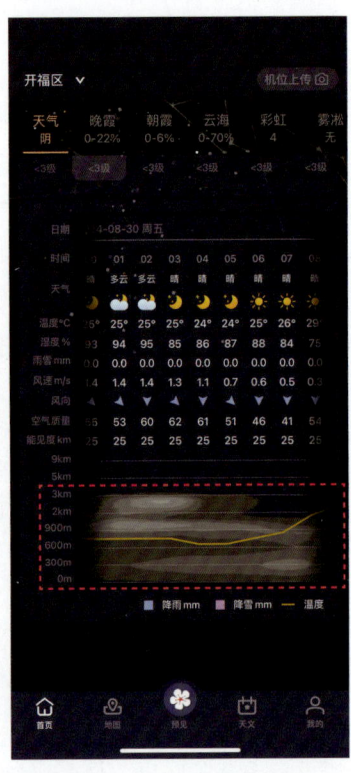

图3-2　在300 m以下有低层云

当然，如果云层高度超过900 m，就很难航拍到云雾了，因为无人机一般最高只能飞行到500 m高。

> **温馨提示**
>
> 一般在昼夜温差大，且冷空气活动较频繁的气候条件下，有利于水汽在近地面云层中聚集并凝结成雾。雨后湿度较大、温度适宜，也很容易形成云雾。

3.2 技巧2：在清晨雨后航拍城市云海

清晨雨后，城市上空往往会出现云海现象，这时进行航拍能够捕捉到城市与自然美景相结合的壮观画面。清晨的光线柔和，云海最为壮观，因此需要早起到达拍摄地点。最好选择一个相对较高的起飞点，这样可以更好地捕捉到城市被云海包围的景象。可以根据云海的高度调整无人机的飞行高度，在理想情况下，无人机应位于云层之上，如图3-3所示。

图 3-3　在清晨雨后航拍城市云海

【打杆演示】下面介绍拍摄方法。

无人机飞行到城市上空，向右推动右侧的摇杆，让无人机向右飞行。

同时，向左推动左侧的摇杆，让无人机环绕飞行，拍摄云海中的建筑，如图3-4所示。

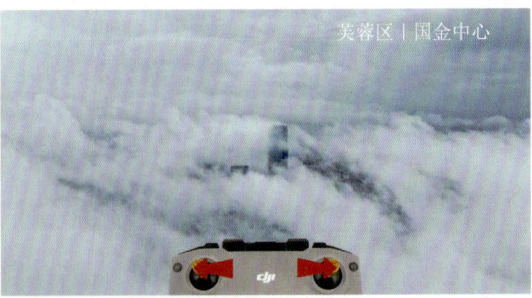

图 3-4 打杆演示

3.3 技巧 3：航拍云海中的高耸建筑

一般而言，低矮建筑会在云海之下，而高耸建筑则能林立在云端之上。在航拍时，可以将建筑放置在画面中的黄金分割点或中心位置，使其成为视觉焦点，如图 3-5 所示。由于云海比较多，能见度会下降，所以要注意避障，避免无人机进入云层或与建筑物发生碰撞。

【打杆演示】下面介绍拍摄方法。

以云海中的高耸建筑为视角中心，向右推动右侧的摇杆，让无人机向右飞行。

同时，向左推动左侧的摇杆，让无人机环绕飞行，拍摄高耸建筑，如图 3-6 所示。

图 3-5 航拍云海中的高耸建筑

图 3-5 航拍云海中的高耸建筑（续）

图 3-6 打杆演示

3.4 技巧 4：航拍云海中的山岭

在雨后清晨，大围山在云海中若隐若现，宛如海中的岛屿，又似仙山琼阁，增添了几分神秘与梦幻。用户可以根据云海的高度和山岭的具体情况，调整无人机的飞行高度，使山岭部分或全部露出云海之上，如图 3-7 所示。

【打杆演示】下面介绍拍摄方法。

无人机相机云台垂直 90°朝下俯拍地面，向上推动右侧的摇杆，向前飞行。

同时，向右拨动云台俯仰拨轮，让相机向上抬，拍摄云海下的山岭，如图 3-8 所示。

图 3-7　航拍云海中的山岭

图 3-8　打杆演示

3.5 技巧 5：航拍云海中的桥梁

当无人机飞到桥梁上空，以云海为前景，俯拍桥梁，桥梁的线条在云海中显得格外清晰，其坚固的结构与轻盈的云海形成鲜明对比。不断变化的云海和庄严的桥梁，还有一种虚实对比之美，如图3-9所示。

图 3-9 航拍云海中的桥梁

【打杆演示】下面介绍拍摄方法。

无人机飞行到桥梁上空，进行俯拍，向上推动左侧的摇杆，让无人机上升。

同时，向右拨动云台俯仰拨轮，微微上抬相机，拍摄云海中的桥梁，如图3-10所示。

图 3-10 打杆演示

3.6 技巧 6：航拍云海中的日出

在航拍云海中的日出时，需要用户选择一个能够看到日出的高点起飞，确保无人机在日出时能够处于最佳拍摄位置，如以岳麓山为前景，使用无人机中的长焦相机航拍云海中的日出，展现一幅金黄色的云海日出画卷，非常生动和壮丽，如图3-11所示。

【打杆演示】下面介绍拍摄方法。

以岳麓山为前景，开启3倍中长焦相机进行构图取景拍摄。

向左推动右侧的摇杆，让无人机向左飞行，拍摄云海中的日出，如图3-12所示。

图 3-11 航拍云海中的日出

图 3-11　航拍云海中的日出（续）

图 3-12　打杆演示

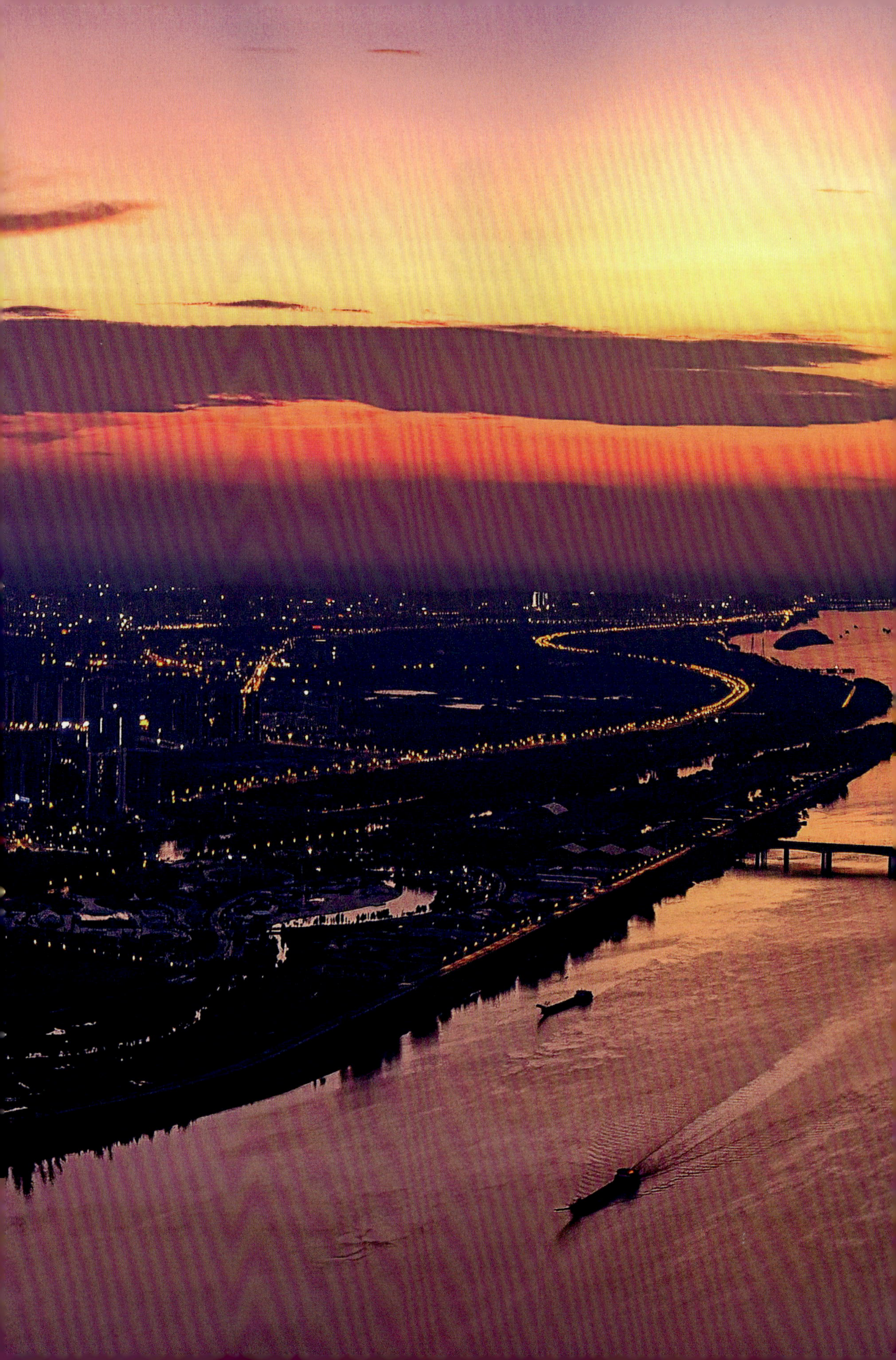

| 第 4 章 |

选择最佳时间，航拍江景：
《湘江风光》

航拍江景，选择最佳时间对于捕捉到最美的画面至关重要。在清晨和日落时分，光线柔和，可以捕捉到金色的阳光洒在江面上的美景。夜晚的湘江两岸灯光璀璨，可以拍摄到城市的繁华与江水相映成趣。用户可以根据个人喜好和天气情况选择合适的时间进行航拍。

4.1 技巧 1：航拍日出时分的江景

航拍日出时分的江景需要考虑天气状况、拍摄地点的选择及日出时间，一般在晴朗的早晨，太阳刚出来的时候，天边开始出现淡淡的光芒，光线非常柔和，江面比较宁静，这时可以拍出静谧感，如图4-1所示。

图 4-1 航拍日出时分的江景

【打杆演示】下面介绍拍摄方法。

无人机飞到江面上，进行侧逆光角度拍摄。

向下推动右侧的摇杆，让无人机向后飞行，拍摄江面的风光，如图4-2所示。

图4-2 打杆演示

4.2 技巧2：航拍夏日午后的江景

航拍夏日午后的江景，可以捕捉到阳光明媚、波光粼粼的江面，以及周围环境的生动画面。在航拍时，用户最好选择一个能够俯瞰江面且避免强烈直射光的起飞点，如果有蓝天白云，画面会更加精彩和美丽，如图4-3所示。

【打杆演示】下面介绍拍摄方法。

无人机飞行到江面的上空，平拍江面周围的城市风光。

向上推动左侧的摇杆，让无人机向上飞行，拍摄夏日午后的江景，如图4-4所示。

图4-3 航拍夏日午后的江景

图 4-3 航拍夏日午后的江景（续）

图 4-4 打杆演示

4.3 技巧 3：航拍日落时分的江景

日落时刻，天边的云彩被染上了金红、橙黄等暖色调，天空与江面仿佛融为一体，这些色彩在航拍镜头下显得尤为鲜明和丰富。江面上，船只穿梭往来，与天空中的云彩和太阳的倒影交相辉映，构成一幅幅动人的画面，如图 4-5 所示。

【打杆演示】下面介绍拍摄方法。

无人机飞行到江面上空，以小船为前景，拍摄日落时分的江景。

向上推动右侧的摇杆，让无人机向前飞行，越过小船，展现风光，如图 4-6 所示。

第 4 章　选择最佳时间，航拍江景：《湘江风光》

图 4-5　航拍日落时分的江景

图 4-6　打杆演示

033

4.4 技巧 4：航拍蓝色时刻的江景

航拍蓝色时刻的江景，用户需要选择在日出前或日落后的时间段进行，这个时候天空呈现出一种深邃的蓝色，非常适合拍摄。考虑到天气对拍摄效果的重要性，选择天气晴朗的日子进行航拍将更有利于捕捉到美丽的江景和天空的蓝色调，如图4-7所示。

图 4-7 航拍蓝色时刻的江景

【打杆演示】下面介绍拍摄方法。

无人机拍摄城市灯光，向左上方推动右侧的摇杆，让无人机向左侧前进飞行。同时，向右推动左侧的摇杆，进行微微环绕，让画面更动感，如图4-8所示。

图4-8　打杆演示

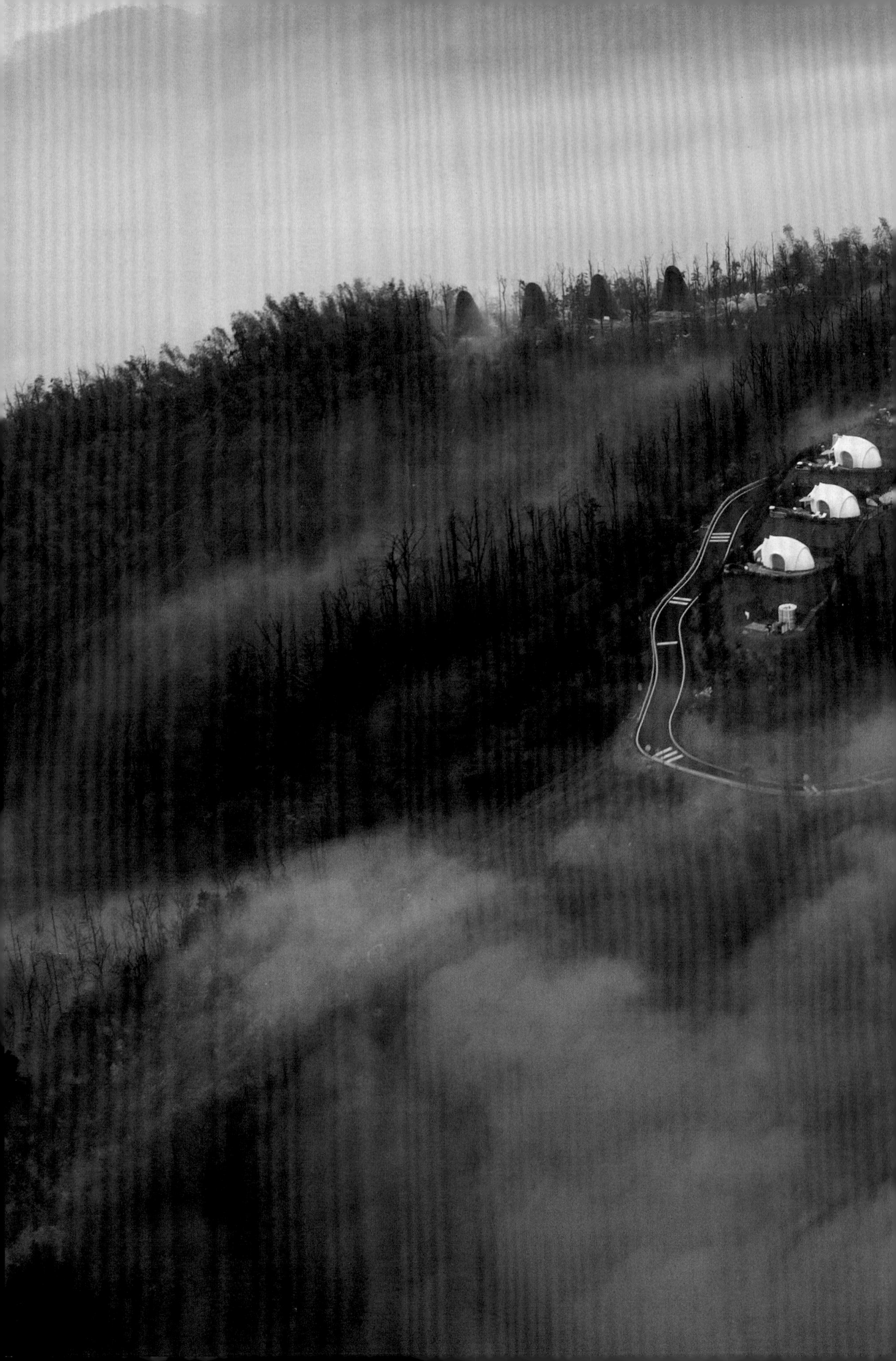

| 第 5 章 |

基本构图技巧,酒店航拍:
《星空旅人》

在航拍摄影中,构图是非常重要的。成功的构图在于能够平衡画面中的各种元素,让观众的注意力进入画面的深处。构图效果越强烈,就越能长时间地调动观众的眼睛和兴奋感觉。本章将为大家介绍一些基本构图技巧,帮助大家拍出精彩的视频和照片。

5.1 技巧1：中心构图

中心构图，又称为中央构图或中间构图，是一种构图方式，其特点是将画面的主体放置在画面的正中间位置。这种方式能够直接、明确地突出主体，使观众的视线自然而然地集中在主体上。比如，把酒店和周边的建筑放在画面中心位置，如图5-1所示。

图5-1 中心构图

【打杆演示】下面介绍拍摄方法。

让酒店处于画面中心位置，向左侧推动右侧的摇杆，让无人机向左侧飞行。

同时，向右推动左侧的摇杆，微微环绕，拍摄风光，如图5-2所示。

图 5-2　打杆演示

5.2 技巧 2：前景构图

前景作为视觉引导线，是最靠近镜头的元素。它不仅可以引导观众的视线进入画面，还能提供额外的信息，帮助讲述故事或增加画面的兴趣点。在航拍中，建筑、树木、云海等都可以作为前景，从而增强画面的深度、层次感和故事性，如图5-3所示。

【打杆演示】下面介绍拍摄方法。

无人机以云海为前景，俯拍地面，向右上方推动右侧的摇杆，让无人机前进右飞。

同时，向左推动左侧的摇杆，微微环绕，拍摄酒店风光，如图5-4所示。

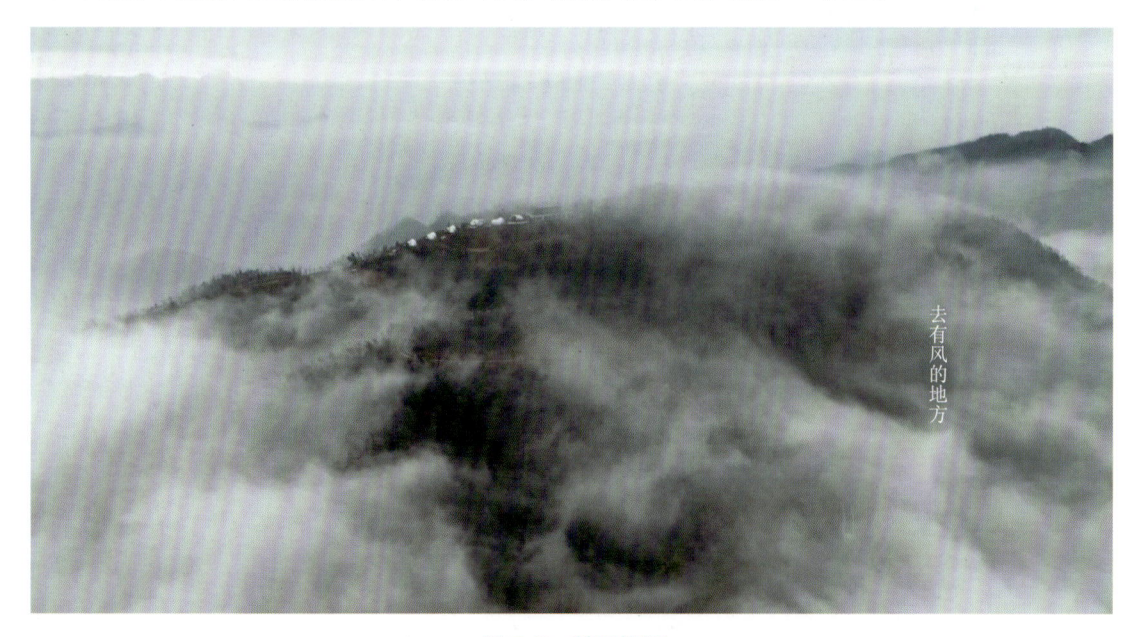

图 5-3　前景构图

图 5-3　前景构图（续）

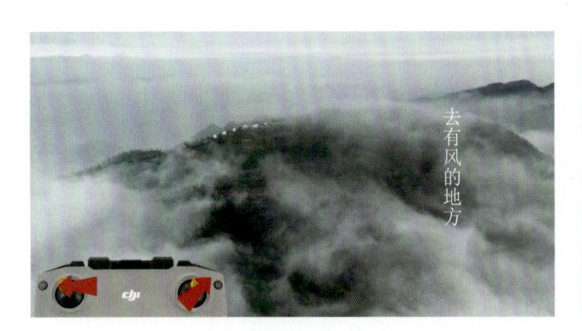

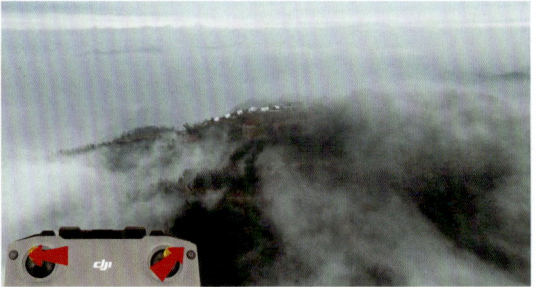

图 5-4　打杆演示

5.3 技巧3：曲线构图

　　曲线构图是摄影中常用且极具美感的构图方式之一，它以曲线线条作为画面表现的重点，能够赋予照片柔和、浪漫、优雅及流动感和延伸感。一般而言，河流、道路、山脉等都可以产生曲线，如图5-5所示。

　　【打杆演示】下面介绍拍摄方法。

　　无人机飞行到道路上空，俯拍道路。

　　向上推动右侧的摇杆，让无人机俯视向前飞行，拍摄道路曲线，如图5-6所示。

图 5-5 曲线构图

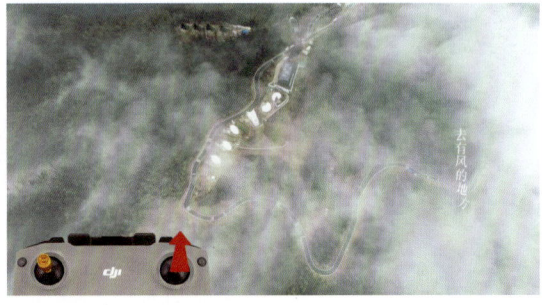

图 5-6 打杆演示

5.4 技巧4：对比构图

对比构图是指在画面中利用两种或多种对立或不同的元素，形成强烈的视觉对比，比如明暗对比、色彩对比、形状对比、大小对比、质感对比、内容对比等。当夜晚来临的时候，夜色偏蓝，酒店的灯光则是暖色的，形成色彩的冷暖对比，如图5-7所示。

图 5-7 对比构图

【打杆演示】下面介绍拍摄方法。

无人机飞到一定的高度，俯拍酒店，向左侧推动右侧的摇杆，让无人机向左侧飞行。

同时，向右推动左侧的摇杆，微微环绕，拍摄酒店周边的夜景，如图5-8所示。

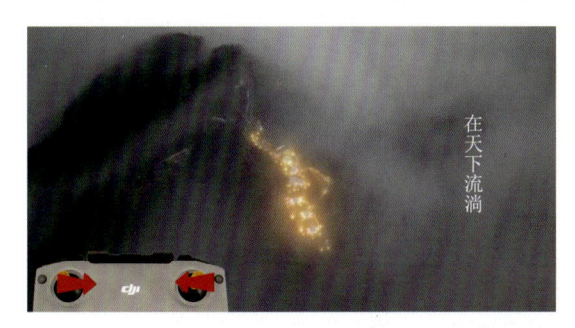

图 5-8　打杆演示

5.5 技巧 5：对角线构图

对角线构图是指在画面中创建一条对角线，使画面元素沿着这条对角线分布。对角线构图是一种常用的摄影构图技巧，它通过在画面中创建对角线元素来吸引观众的注意，增加画面的动感和平衡感。比如，山峰的侧面就可以形成一条对角线，如图5-9所示。

【打杆演示】下面介绍拍摄方法。

无人机飞到山峰的一侧，使用对角线构图拍摄。

向上推动右侧的摇杆，让无人机前进飞行，靠近拍摄山峰，如图5-10所示。

图 5-9　对角线构图

图 5-9 对角线构图（续）

图 5-10 打杆演示

| 第 6 章 |

进阶构图拍法，湖景航拍：
《别样美景》

在上一章学习了基本构图技巧之后，本章将带领大家学习进阶构图拍法。构图不仅仅是记录场景，更是传达摄影师的情感和意图。用户可以突破常规，通过独特的视角和创意来吸引观众的注意力。学习构图技巧不仅可以让作品更加引人注目，还能讲述故事或表达主题思想。建议用户多实践和观察，不断尝试新事物，并从中学习。本章将为大家介绍湖景航拍的构图技巧。

6.1 技巧1：掌握多种航拍角度

航拍，作为一种独特的视角捕捉方式，能够展现出地面拍摄难以触及的美景和壮观场景。掌握多种航拍角度，可以极大地丰富影像作品，使其更具视觉冲击力和艺术感，下面进行多种航拍角度的介绍。

① 垂直向下俯拍角度。这是最基本的航拍角度，无人机相机镜头直接对准地面，垂直拍摄。适用于展现整体布局、城市规划、自然景观的全貌，如广阔的田野、繁忙的城市、蜿蜒的河流等。

通过调整高度，可以控制画面的细节和广度。可以垂直向下俯拍湖边的风景，如图6-1所示。

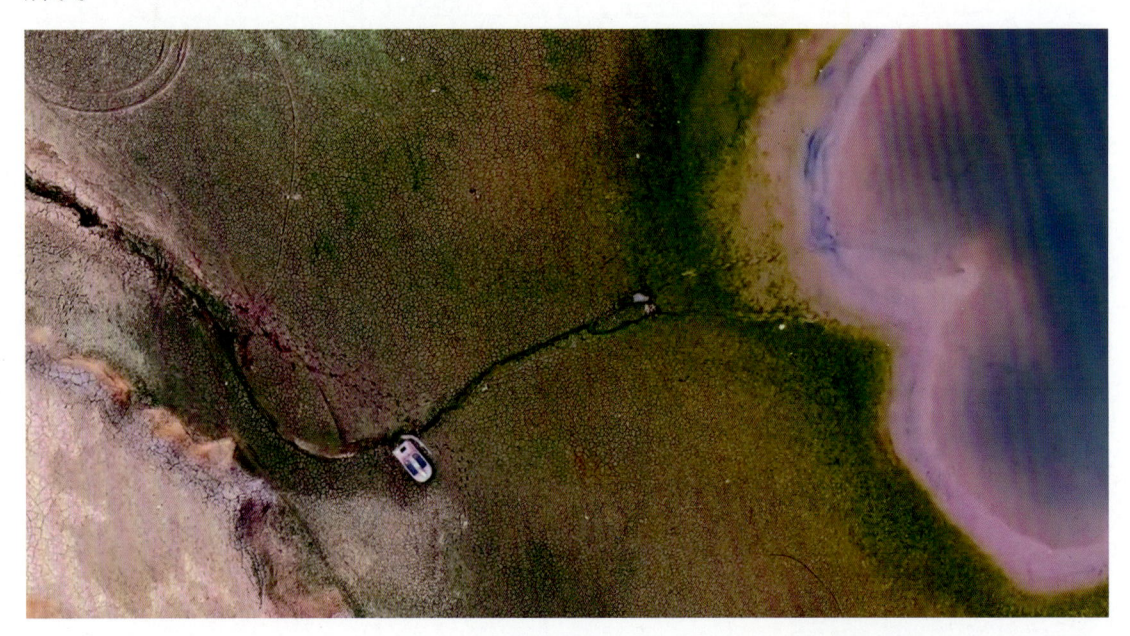

图 6-1　垂直向下俯拍湖边的风景

② 平拍角度。也叫平视拍摄，是指拍摄时无人机的位置与被摄主体的位置处于同一水平线上，从而形成一种平视的拍摄角度。这种拍摄方式在日常生活中非常常见，也是我们观察周围世界时最自然的视角。通过平拍角度拍摄可以让湖景风光画面更有亲切感，如图6-2所示。

虽然平拍角度能够展现整体场景，但有时也容易导致画面中的主体不够突出。因此，在拍摄时要注意将要表现的主体放在引人注目的位置，或者通过构图、色彩等方式来突出主体。

③ 低角度航拍。是指在使用无人机进行拍摄时，将拍摄角度设置为较低的位置，通常是低于常规视角或接近地面的高度。低角度航拍能够呈现出与地面视角截然不同的湖景画面，使观众感受到前所未有的视觉冲击力，如图6-3所示。

不过需要注意的是，在低角度航拍时，需要注意周围的环境，因为角度较低，无人机就容易撞到地面的障碍物，如树木、建筑物、大石头等。

图 6-2 平拍湖景

图 6-3 低角度航拍

6.2 技巧 2：使用多点构图航拍湖景

多点构图在于画面全部或部分区域存在多个主体，这些主体以散点的形式分布开来，中间没有明显的连接物或连接线，但整体上又具有内在联系，形成一种特定的氛围或节奏。在拍摄大泽湖时，里面散布的植被刚好形成了一个又一个的点，如图6-4所示。

图6-4 使用多点构图航拍湖景

【打杆演示】下面介绍拍摄方法。

无人机飞行到湖面上空,微微俯拍湖中的植被。

向左侧推动右侧的摇杆,让无人机向左侧飞行。

同时,向右推动左侧的摇杆,微微环绕,拍摄湖景,如图6-5所示。

图6-5 打杆演示

6.3 技巧3：使用斜线构图航拍湖景

斜线构图在摄影和绘画中是一种常用的构图方式，它通过利用倾斜的线条来组织画面，从而创造出独特的视觉效果和表现力。在航拍时，如果湖面有线条结构的建筑或者桥，无人机可以垂直90°朝向地面俯拍，并使用斜线构图拍摄，让画面更有趣味性，如图6-6所示。

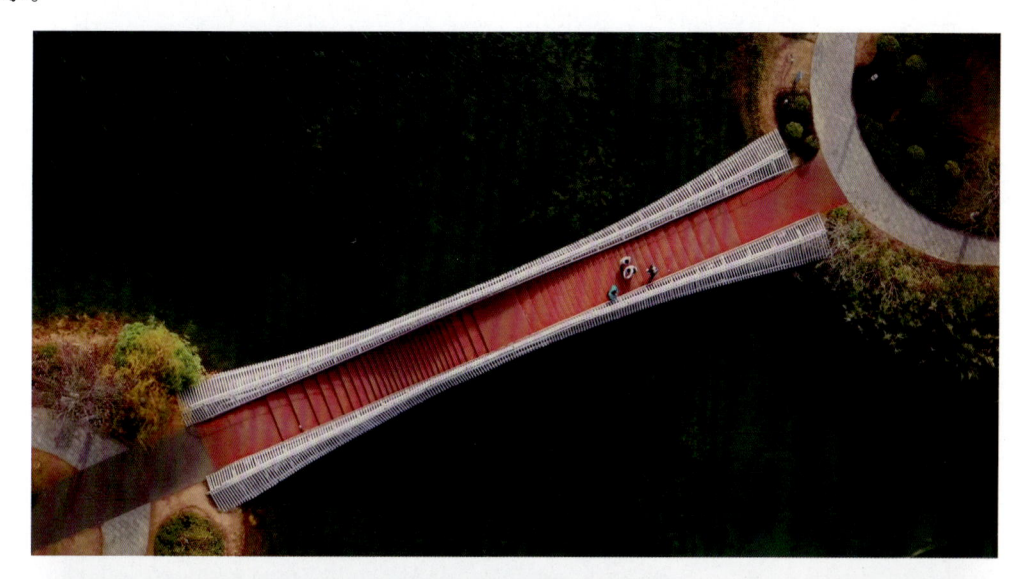

图 6-6 使用斜线构图航拍湖景

【打杆演示】下面介绍拍摄方法。

无人机飞行到湖面栈道的上空，向左拨动云台俯仰拨轮，使其为90°俯拍角度，并进行斜线构图。

向上推动左侧的摇杆，让无人机一面俯拍一面上升飞行拍摄，如图6-7所示。

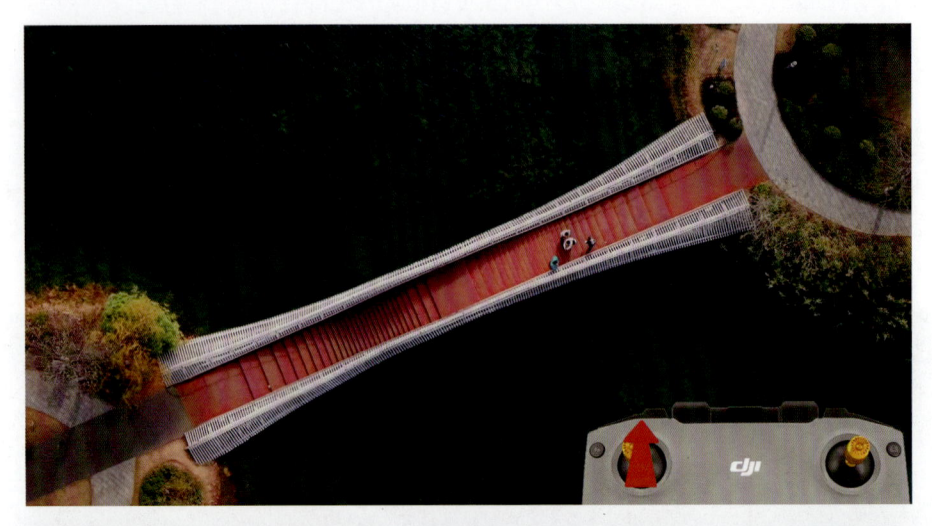

图 6-7　打杆演示

> **温馨提示**
>
> 斜线不宜过多，过多的斜线会使画面显得杂乱无章，影响观众的视觉体验。斜线的颜色应与画面整体色调相协调，避免过于突兀或抢眼。

6.4 技巧 4：使用对称构图航拍湖景

对称构图一般是以某个中心点或轴线为基准，让左右两侧或上下部分的图像在形状、排列、大小等方面呈现出一种镜像效果，即对等或基本对等。当湖中有对称的建筑时，可以让建筑居中，使用对称构图拍摄，赋予画面平衡、稳定、和谐的美感，如图 6-8 所示。

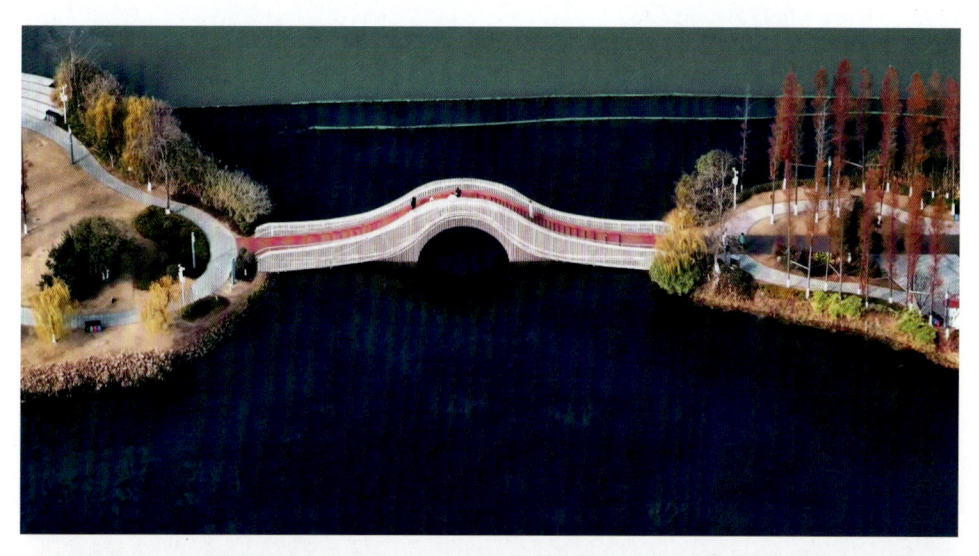

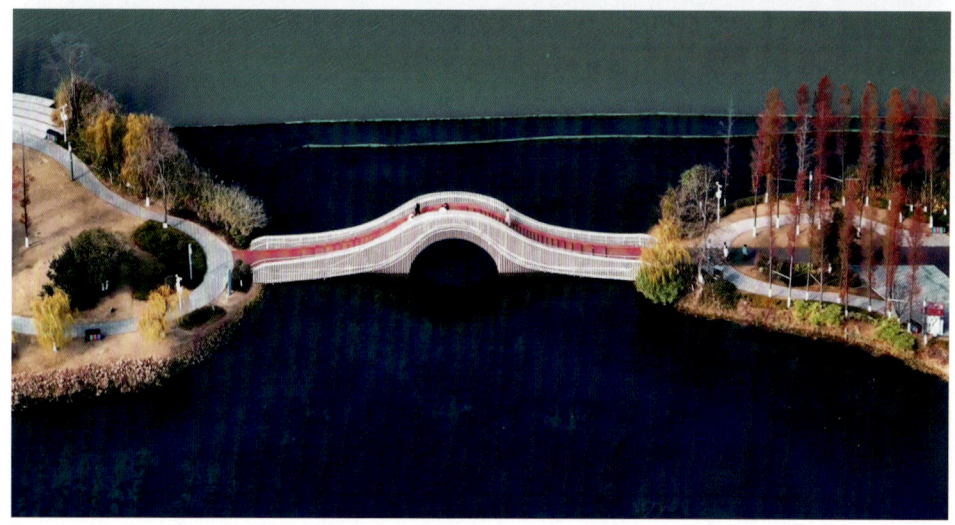

图 6-8 使用对称构图航拍湖景

【打杆演示】下面介绍拍摄方法。

无人机飞行到湖面上空，使用左右对称构图俯拍湖中的桥。

向右拨动云台俯仰拨轮，让云台相机慢慢上抬，使用对称构图拍桥，如图6-9所示。

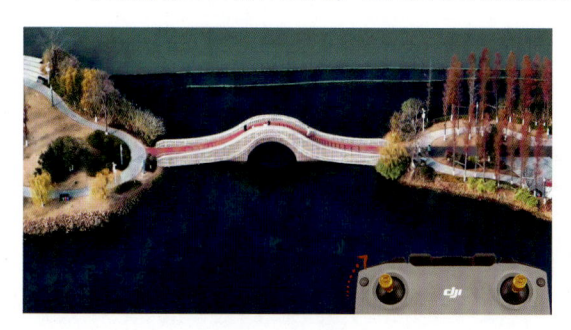

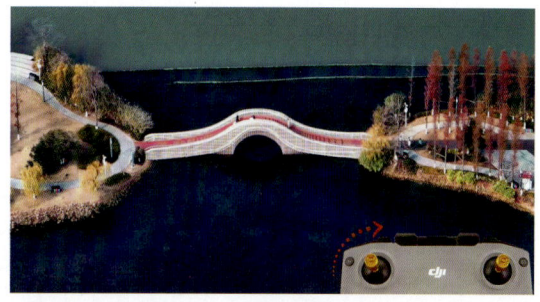

图 6-9 打杆演示

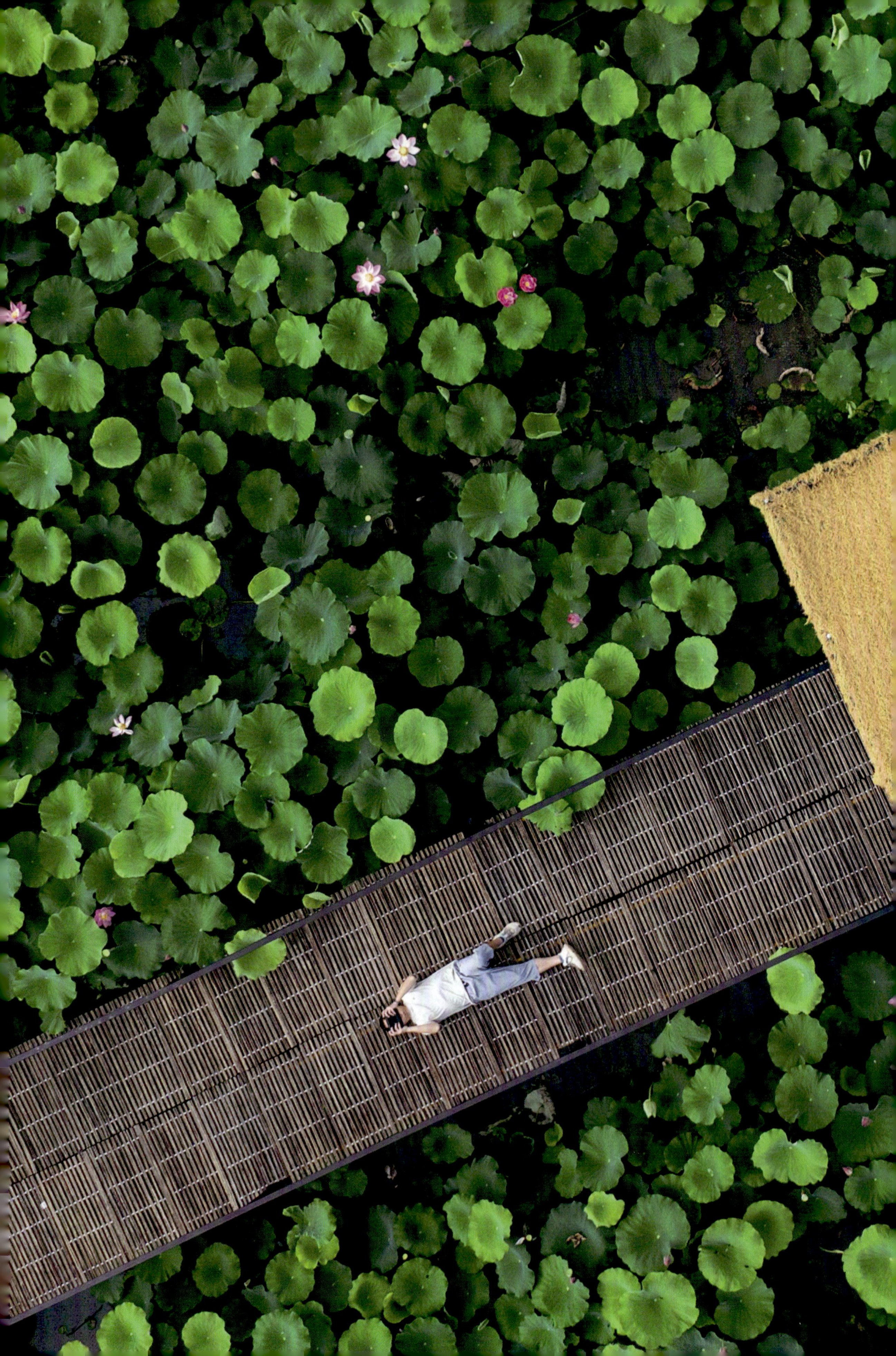

| 第 7 章 |

设置视频格式，荷花航拍：《初夏荷花》

不同的视频格式在后期制作软件中的兼容性不同。选择合适的视频格式可以确保视频在后期制作过程中能够顺利导入、编辑和导出，避免出现兼容性问题导致的画质损失或编辑困难。

在荷花盛开的时候，航拍提供了从空中俯瞰的视角，这种视角在日常观察中很难获得，使得画面更具视觉冲击力。还可以清晰地展现荷花的层次感，如荷叶的波浪、荷花的高低错落。本章将为大家介绍设置视频格式和航拍荷花的技巧。

7.1 技巧1：设置视频的拍摄格式和色彩

设置合适的视频格式，可以保障更广泛的色彩空间和更高的色彩深度，准确地还原拍摄时的色彩和细节，在显示时具有更高的色彩准确度和画面细节。下面为大家介绍如何设置视频的拍摄格式和色彩。

在DJI Fly App的相机界面中，点击系统设置按钮 ，如图7-1所示，需要在视频录像模式中点击该按钮。

图 7-1　点击系统设置按钮

切换至"拍摄"设置界面，在"视频"选项区中可以设置视频格式和色彩，如图7-2所示。

图 7-2　在"视频"选项区中可以设置视频格式和色彩

为了让大家了解不同视频格式的特点，下面为大家进行详细介绍。

① MP4格式：MP4采用了高效的视频压缩技术，如H.264/AVC和HEVC（H.265），这些技术能够在保证视频质量的同时显著减少文件大小，非常适合流媒体传输和下载。

MP4格式几乎被所有现代设备和操作系统支持，包括Windows、MacOS、iOS、Android等，这使得MP4文件可以在各种设备上轻松播放和共享。

② MOV格式：MOV支持多种音频和视频编解码器，能够提供高质量的音视频表现，适合对音质和画质有较高要求的场景。

MOV格式被广泛应用于影视制作、广告宣传和在线视频等领域，尤其在苹果生态系统中更受欢迎。

一般而言，对画质没有较高要求的用户可以使用MP4视频格式。

无人机中的多种色彩选择可以满足不同的需求，下面继续介绍不同的视频色彩模式。

① 普通色彩模式：普通色彩模式适合新手和日常拍摄，它直接还原传感器接收到的光线颜色和明暗对比，让拍摄者能够轻松获得颜色生动、明暗分明的画面。

在普通色彩模式下，拍摄者可以在拍摄时直接看到最终的色彩效果，不需要过多的后期调整。然而，普通色彩模式的后期调整空间相对较小，如果需要在后期对色彩进行大幅度调整，可能会出现画面断层等问题。

② HLG色彩模式：HLG（hybrid log gamma）色彩模式类似于照片拍摄中的HDR效果，具有较高的动态范围，能够拍摄出阴影和高光部分都具有丰富细节的视频。

HLG色彩模式下的视频色彩鲜艳，视觉效果更佳。由于HLG色彩模式的后期调整余地相对较小，因此适合需要快速出片但不想过多后期的拍摄场景。

③ D-Log色彩模式：D-Log（或称为Log模式）具有比其他色彩模式更广的动态范围，能够记录更多的色彩和明暗信息。

D-Log色彩模式主要用于专业拍摄和后期制作，它拍摄出的原片画面通常是灰蒙蒙的，对比度很低，需要通过后期调整来还原出画面应有的对比度和色彩。

D-Log色彩模式为后期调色提供了广阔的空间，允许拍摄者根据自己的需求进行精细的调整。D-Log色彩模式的ISO起点通常较高（如ISO 800），这在一定程度上限制了其在弱光环境下的使用，同时也需要拍摄者在使用时注意控制曝光。

④ D-Log M色彩模式：D-Log M可以看作是D-Log色彩模式的一种优化或变种，它在一些特定品牌或型号的相机中被提供。

与D-Log相比，D-Log M在色彩表现、动态范围或后期空间等方面进行了进一步的优化或调整。由于D-Log M是特定品牌或型号相机的功能，因此其具体特点可能因品牌而异。例如，大疆的D-Log M就被认为能够带来更好的色彩表现和更宽广的后期空间。

总而言之，如果用户没有较高要求的后期标准，就想要直出的话，可以选择普通色彩模式。反之亦然，当然，D-Log M色彩模式是比较适合后期进行操作的。

7.2 技巧2：低角度前飞拍摄荷花

由于荷花比较小，在航拍视角下，如果高角度拍摄，可能就会变成一个个的点。为了展现出荷花、荷叶的细节美,用户可以让无人机进行低角度飞行,捕捉别样的美景,如图7-3所示,如果想要无人机更贴近荷花一点儿,就需要用户关闭避障功能。

图 7-3　低角度前飞拍摄荷花

【打杆演示】下面介绍拍摄方法。

无人机飞行到荷花的上方,低角度靠近荷花。

向上推动右侧的摇杆,让无人机向前飞行,如图7-4所示,在飞行过程中,可以微微向右推动一些幅度,躲避障碍物。

图 7-4　打杆演示

7.3 技巧3：高角度环绕拍摄荷花

高角度环绕拍摄能够提供更多关于被摄对象及其周围环境的信息，有助于叙事。

在拍摄荷花时，使用这种拍摄方式，可以用来介绍场景、展示环境。当然，最好让人也处于画面中，这样观赏性会更好，如图7-5所示。

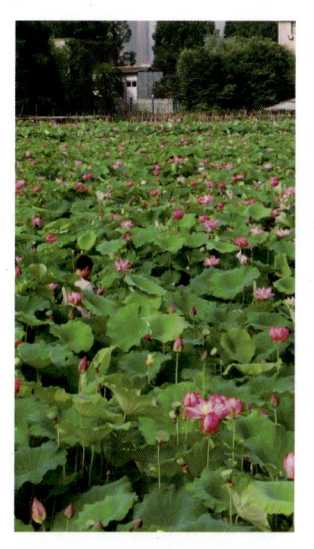

图7-5 高角度环绕拍摄荷花

【打杆演示】下面介绍拍摄方法。

无人机飞行到荷花田上空，微微俯拍荷花和人物。

向右推动右侧的摇杆，让无人机向右侧飞行。

同时，向左推动左侧的摇杆，让无人机微微环绕飞行，拍摄荷花，如图7-6所示。

图7-6 打杆演示

7.4 技巧4：侧面跟拍荷花田中的人

侧面跟拍是指无人机保持在被摄对象的侧面，并随着被摄对象的移动而移动，捕捉其侧面轮廓、动作姿态、运动方向及方位等画面。

当人物在荷花田中向右行走时，使用无人机进行侧面跟拍，不仅可以突出主体，还可以营造氛围，如图7-7所示。

图7-7 侧面跟拍荷花田中的人

【打杆演示】下面介绍拍摄方法。

无人机飞行到荷花田上空，从人物的侧面拍摄。

当人物向右行走的时候，向右推动右侧的摇杆，让无人机向右侧飞行，跟拍荷花田中的人物，如图7-8所示。

图7-8 打杆演示

7.5 技巧 5：旋转拍摄荷花田中的人

无人机云台相机垂直 90°朝下俯视拍摄，能够展现广阔的视野，使画面包含更多的景物元素，表现出场景的宏大与壮观。

当人物躺在荷花田中，画面中也具有线条感的场景时，使用旋转镜头拍摄，让画面更动感，如图 7-9 所示。

图 7-9 旋转拍摄荷花田中的人

【打杆演示】下面介绍拍摄方法。

无人机飞行到荷花田上空，向左拨动云台俯仰拨轮，90°俯拍荷花田中的人物和小道。向左推动左侧的摇杆，让无人机旋转飞行，拍摄荷花田中的人物，如图 7-10 所示。

图 7-10 打杆演示

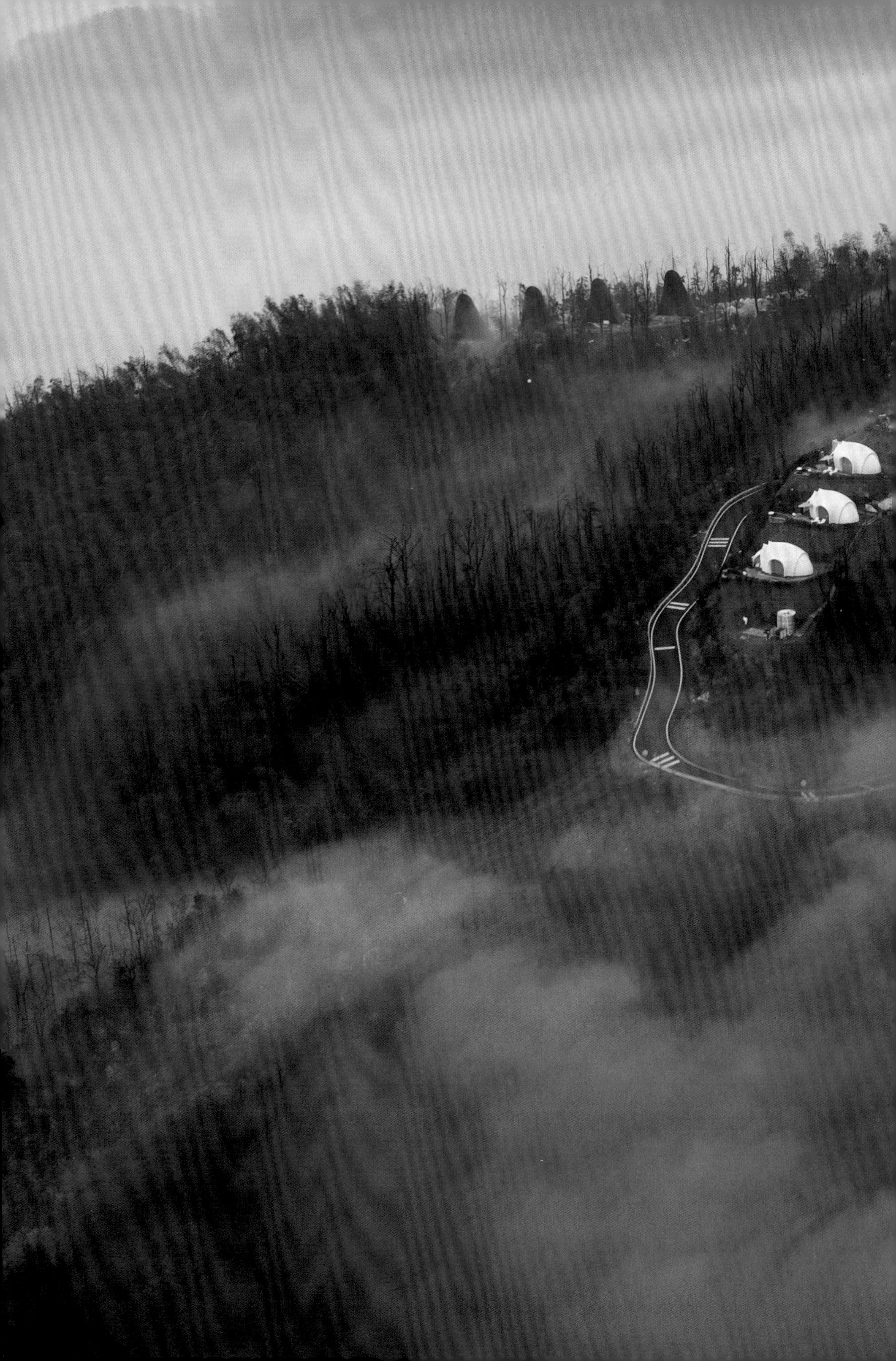

| 第 8 章 |

调整曝光参数，日出航拍：
《日出东方》

日出时刻的光线非常柔和，可以创造出温暖、生动的光影效果。航拍日出可以提供从空中俯瞰日出的独特视角，捕捉到地面摄影难以达到的视觉效果；航拍日出不仅可以展现日出之美，还可以展示拍摄地点的自然风光和环境特色。本章将为大家介绍调整曝光参数和航拍日出的技巧。

8.1 技巧1：调整无人机的曝光参数

首先带大家理解曝光三要素，包括光圈、快门速度和感光度。

① 光圈：控制光线通过镜头的量。光圈越大（F值越小），进光量越多，画面越亮，景深越浅，背景虚化效果越明显。反之，光圈越小（F值越大），进光量越少，画面越暗，景深越大，画面更清晰。

② 快门速度：制光线照射感光元件的时间。快门速度越快，曝光时间越短，进光量越少，画面越暗，适合捕捉快速运动的物体。快门速度越慢，曝光时间越长，进光量越多，画面越亮，适合拍摄夜景或光轨。

③ 感光度（ISO）：感光元件对光线的敏感程度。ISO值越高，感光元件越敏感，画面越亮，但噪点，影响画质。ISO值越低，画面越暗，但噪点少，画质更好。

无人机相机与肉眼所看到的画面是有差异的，无人机相机拍摄出来的日出，可能会显得比较灰。为了给后期增加更多的调整空间，在拍摄日出时，可以通过手动模式，调整曝光，可以让画面稍微欠一点儿曝光，这样可以保留更多的细节信息。

下面主要为大家介绍如何调整无人机的曝光参数，拍摄机型为大疆Air 3无人机。

在DJI Fly App的相机界面中，点击右下角的AUTO（自动挡）按钮，如图8-1所示。

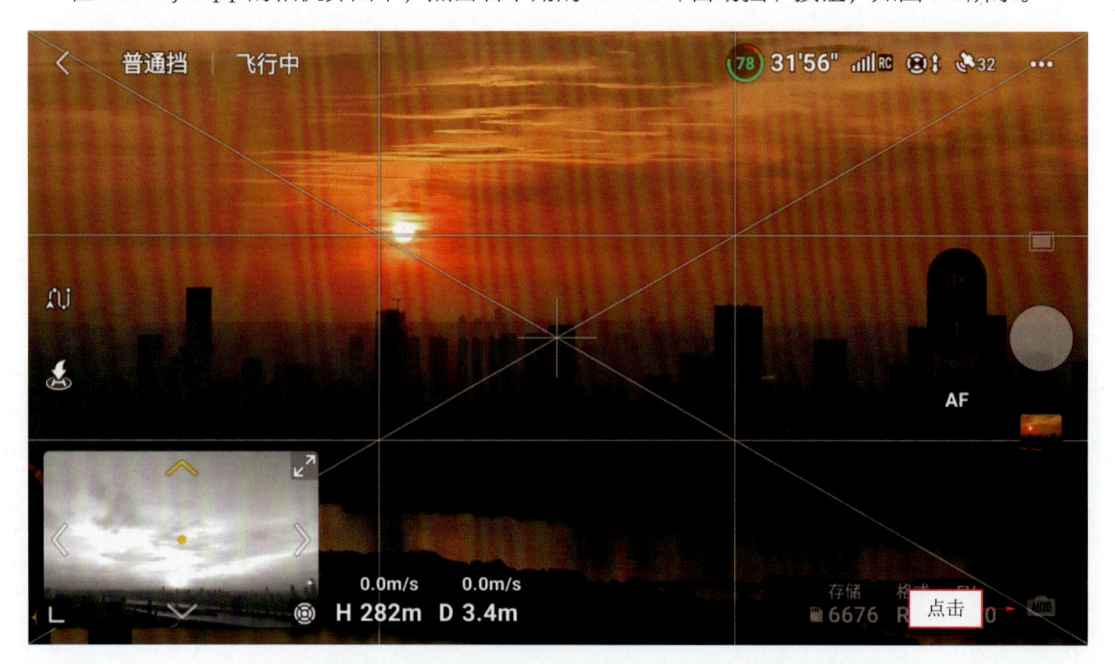

图8-1 点击右下角的AUTO（自动挡）按钮

切换至PRO挡（手动挡），可以看到画面过曝了，点击拍摄参数，如图8-2所示。

3×中长焦镜头的光圈是固定的，❶设置ISO为100、"快门"速度为1/800，让画面变暗一点儿，这样可以尽量保障高光区域的细节；❷点击拍摄按钮◯，如图8-3所示，拍摄日出照片，由于画面还是比较暗的，但是保存的是RAW格式，所以，可以在后期软件中提升阴影参数，提亮画面的暗部区域。

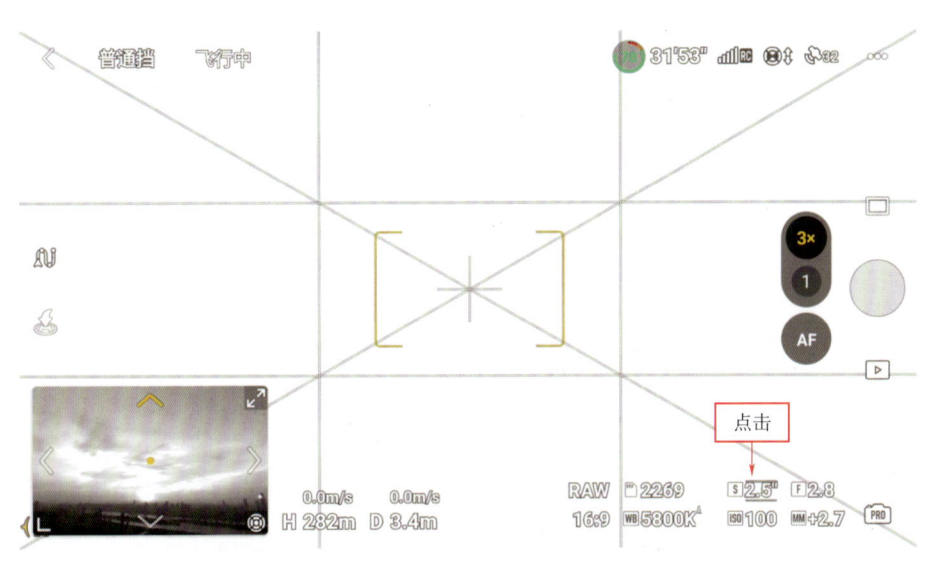

第 8 章 调整曝光参数，日出航拍：《日出东方》

图 8-2 点击拍摄参数

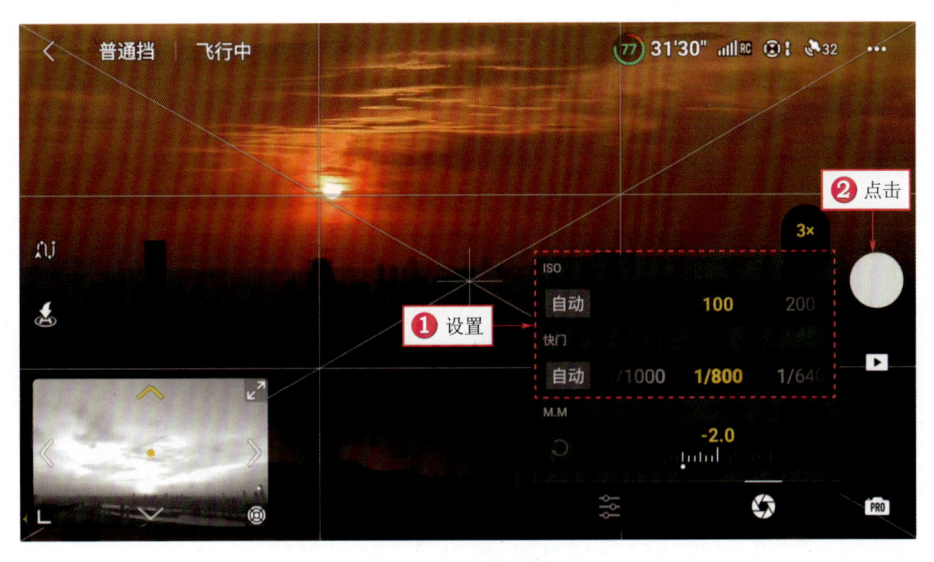

图 8-3 点击拍摄按钮

8.2 技巧 2：借用前景元素航拍日出

如果画面只有日出，那么就会比较单调、缺少趣味性，为了让画面看起来更有层次感，可以借用前景元素，丰富画面内容。

在航拍日出的时候，用户可以选择不同的航拍对象来作为前景。例如，在城市中航拍日出，可以将建筑群和山峰作为前景进行航拍，增加画面的深度和纹理，如图 8-4 所示。

在野外航拍日出时，可以利用前景中的特殊物体，如山峰中的亭子来引导拍摄者的视线，

063

使其自然过渡到日出主体，如图8-5所示。

图8-4　将建筑群和山峰作为前景进行航拍

图8-5　将山峰中的亭子作为前景进行航拍

8.3 技巧3：在大围山拍摄日出

在大围山航拍日出之前，需要先查看天气预报，选择晴朗或多云但无雨的日子，因为晴朗的天气通常能提供更清晰的视野和更丰富的色彩。然后研究大围山的地形图，找到最佳的观赏和拍摄点。山顶、悬崖边或湖泊旁往往是拍摄日出的绝佳位置，比如在大围山中的七星岭上航拍日出，如图8-6所示，七星岭也是大围山的主峰。

第 8 章 调整曝光参数，日出航拍：《日出东方》

图 8-6 拍摄大围山的日出

【打杆演示】下面介绍拍摄方法。

以七星岭上的亭子为前景，使用无人机中的长焦镜头进行航拍。

向右推动右侧的摇杆，让无人机向右侧飞行，如图 8-7 所示。

图 8-7 打杆演示

8.4 技巧 4：在爱晚亭拍摄日出

爱晚亭是长沙岳麓山上的一个地标建筑，人流量非常大，而早上刚好游客较少，是航拍的最好时刻。在晴朗的早晨，进行低角度航拍，展现出和谐与温煦的氛围，如图 8-8 所示。

图 8-8　拍摄爱晚亭的日出

【打杆演示】下面介绍拍摄方法。

无人机低角度拍摄爱晚亭，向右推动右侧的摇杆，让无人机向右侧飞行。

向左推动左侧的摇杆,让无人机慢慢环绕,拍摄日出,如图8-9所示。

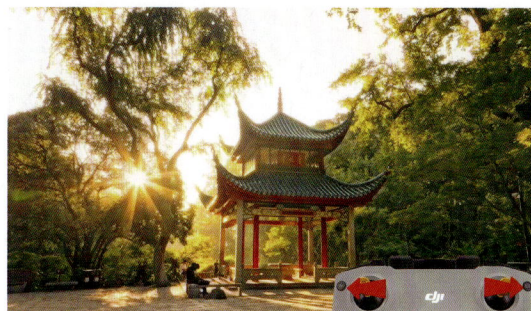

图8-9 打杆演示

8.5 技巧5:在橘子洲拍摄日出

橘子洲位于湖南省长沙市,是湘江中的一个狭长沙洲,也是一个著名的旅游景点。太阳完全升起后,可以捕捉阳光照射在橘子洲上的景象,这时的光线较为柔和,如图8-10所示。

【打杆演示】下面介绍拍摄方法。

无人机飞行到橘子洲的一侧,向右侧推动右侧的摇杆,让无人机向右侧飞行。

同时,向左上方推动左侧的摇杆,让无人机环绕上升飞行,如图8-11所示。

图8-10 拍摄橘子洲的日出

图 8-10 拍摄橘子洲的日出（续）

图 8-11 打杆演示

航拍篇

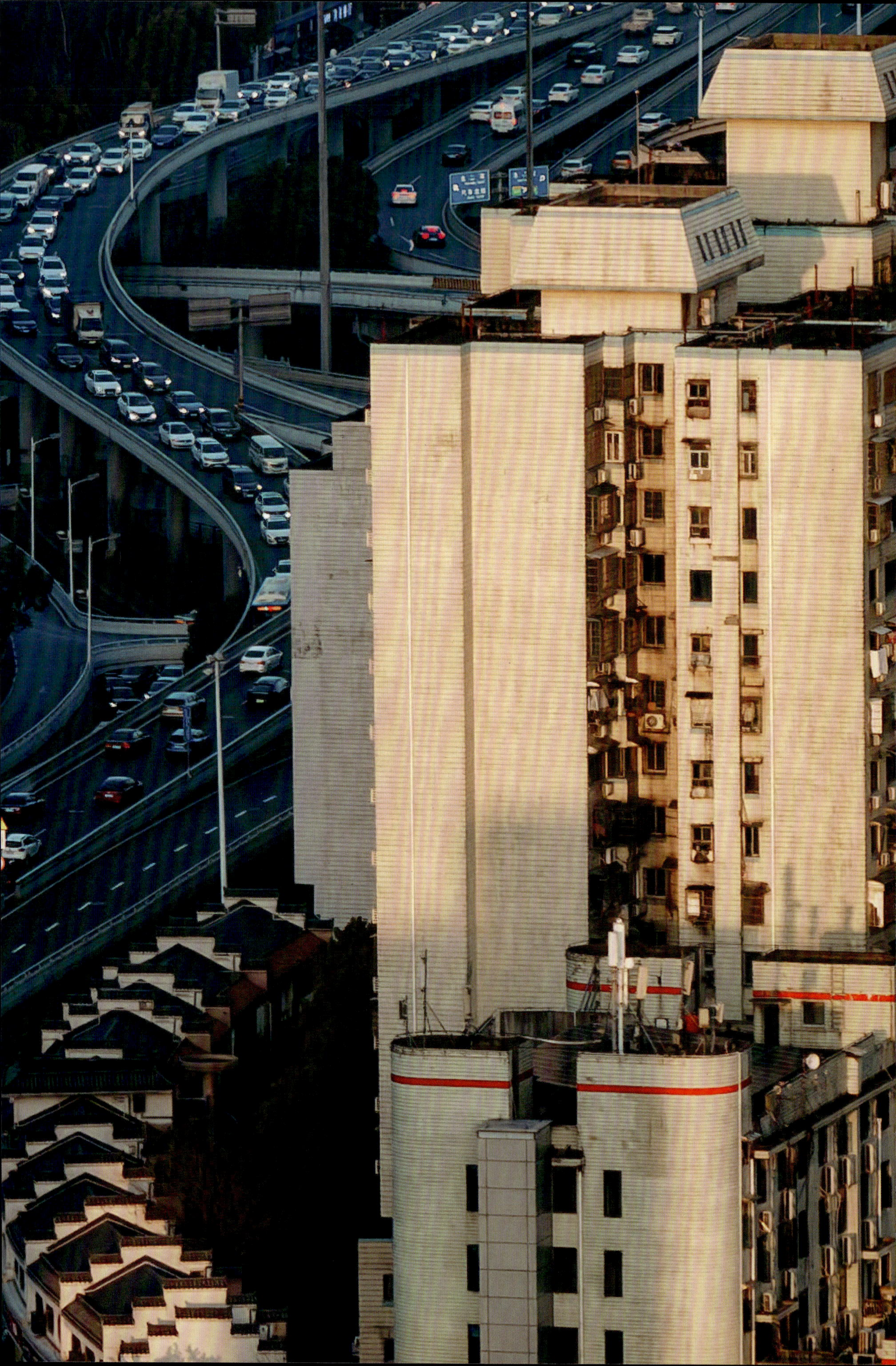

| 第 9 章 |

简单飞行动作，航拍车流：
《立交桥之美》

在空中进行复杂的航拍工作之前，首先我们要学会一些简单的飞行动作，因为复杂的飞行动作也是由一个个简单的飞行动作组成的，等用户熟练地掌握了这些简单的飞行动作之后，再多加练习，熟能生巧，就可以在空中自由地掌控无人机的飞行了。

9.1 技巧1：上升飞行

上升飞行是无人机航拍中比较基础的飞行动作，无人机飞行的第一件事就是上升飞行。上升飞行是从低空升至高空的一个过程，直接展示了航拍的魅力，如图9-1所示。

图9-1 上升飞行

【打杆演示】下面介绍拍摄方法。

无人机处于湘府路立交桥上空，向左拨动云台俯仰拨轮，垂直90°俯拍地面。

向上推动左侧的摇杆，让无人机上升飞行，如图9-2所示。

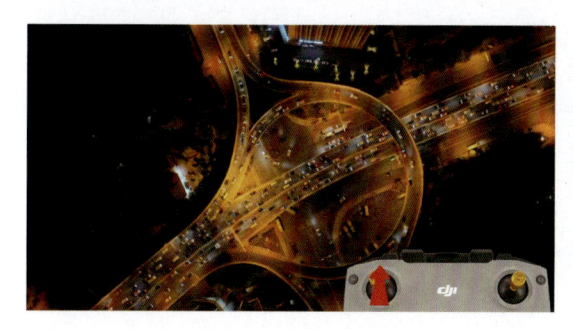

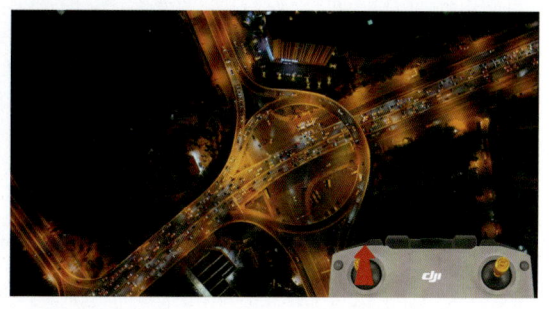

图9-2 打杆演示

9.2 技巧2：后退飞行

后退飞行俗称倒飞，是指无人机向后运动，如图9-3所示。在夜晚飞行的时候，避障功能是失效的，这个时候进行后退飞行往往十分危险，用户需要注意安全。

【打杆演示】下面介绍拍摄方法。

无人机处于罗家嘴立交桥上空，微微俯拍。

向下推动右侧的摇杆，让无人机后退飞行，如图9-4所示。

图9-3 后退飞行

图9-3 后退飞行（续）

图9-4 打杆演示

9.3 技巧3：向左飞行

　　向左飞行是一种左移镜头，是指无人机从右侧飞向左侧，从右向左展示画面。图9-5为使用长焦镜头拍摄，从右向左飞行，以建筑为前景，慢慢地展示立交桥上的车流。

　　【打杆演示】下面介绍拍摄方法。

　　无人机处于波隆立交桥周围上空，以周围的房子为前景，开启长焦镜头。

　　向左推动右侧的摇杆，让无人机向左飞行，如图9-6所示。

第 9 章　简单飞行动作，航拍车流：《立交桥之美》

图 9-5　向左飞行

图 9-6　打杆演示

075

9.4 技巧 4：旋转飞行

旋转飞行，通常指的是无人机围绕其垂直轴（即偏航轴）进行旋转的动作，这种动作在无人机领域通常被称为"偏航"。图 9-7 为使用旋转飞行动作垂直 90°俯拍的立交桥。

图 9-7 旋转飞行

【打杆演示】下面介绍拍摄方法。

无人机处于罗家嘴立交桥上空，向左拨动云台俯仰拨轮，垂直 90°俯拍地面。

向右推动左侧的摇杆,让无人机旋转飞行,如图9-8所示。

图 9-8　打杆演示

9.5 技巧 5：环绕飞行

环绕飞行也叫"刷锅",是指围绕某一个物体进行环绕飞行。环绕有顺时针环绕和逆时针环绕,通过这种方式,可以拍摄到立交桥的全貌、细节及周围环境的变化,如图9-9所示。

【打杆演示】下面介绍拍摄方法。

无人机处于罗家嘴立交桥周围上空,向左推动右侧的摇杆,向左飞行。

向右推动左侧的摇杆,让无人机环绕立交桥飞行,如图9-10所示。

图 9-9　环绕飞行

图 9-9　环绕飞行（续）

图 9-10　打杆演示

| 第 10 章 |

使用俯仰镜头，航拍油菜花：《鹅洲岛》

俯仰镜头，作为摄像中的一种拍摄手法，主要通过调整无人机相机云台的角度（即镜头的垂直方向上的变化），呈现不同的视觉效果和表达特定的情感或信息。本章将为大家介绍一些俯仰运镜的拍法，通过调整俯仰角度航拍油菜花，可以创造出丰富的景深和深远的空间感，使画面更加立体和生动。

10.1 技巧1：调整相机云台的俯仰角度

调整云台相机的俯仰角度，主要是通过无人机遥控器上的云台俯仰拨轮来调整的，如图10-1所示。

图10-1 无人机遥控器上的云台俯仰拨轮

一般而言，向右拨动云台俯仰拨轮，即可让云台相机上抬角度，进行仰拍等操作；向左拨动云台俯仰拨轮，则是让云台相机下压角度，进行俯拍等操作。

目前，无人机最大的仰角为Air 3无人机的60°，最大俯角都为90°。

在调节云台俯仰拨轮时，用户应保持手部稳定，避免快速或大幅度的旋转拨轮，以免对无人机造成不必要的冲击和损坏。匀速拨动，也可以保证拍摄画面的稳定。

在航拍过程中，用户可以通过调整云台俯仰拨轮，并根据拍摄需求调整无人机的视角，以获得最佳的拍摄效果。例如，在拍摄高楼时，可以通过增加仰角来展示主体的高大感；如果地面上有几何线条和形状的主体，则可进行俯拍，展示其几何美感。

10.2 技巧2：使用俯视侧飞镜头拍摄

鹅洲岛是湘江中的一个洲岛，是一个非常适合观赏自然风光和进行户外活动的地方。岛上有各种休闲设施，如小超市、饭店、烧烤店、农家乐、诊所、KTV、游乐场、茶室等，还有露营、开阔草地和临近湘江的沙滩。春天可以赏油菜花，夏天适合避暑，秋天则适合郊游。

由于鹅洲岛的油菜花比较低矮，所以一般都是使用俯拍的角度拍摄。当俯视镜头与侧飞镜头相结合时，形成俯视侧飞镜头。这种运镜方式既能够展现视野的广阔，又能够通过侧飞的方式增加画面的动态感和探索感。它能够通过画面的横向变化，展现出鹅洲岛的不同面貌和特色，使画面更加丰富多彩，如图10-2所示。

第 10 章　使用俯仰镜头，航拍油菜花：《鹅洲岛》

图 10-2　使用俯视侧飞镜头拍摄

【打杆演示】下面介绍拍摄方法。

向左拨动云台俯仰拨轮，让无人机垂直 90°朝向地面俯拍。

向左推动右侧的摇杆，让无人机向左飞行，俯视侧飞拍摄，如图 10-3 所示。

图 10-3　打杆演示

10.3 技巧3：使用俯视旋转镜头拍摄

俯视旋转镜头是一种结合俯视和旋转两种拍摄手法的运镜方式。俯视旋转镜头能够同时展现大场景的全貌和细节，使观众在视觉上得到极大的满足。例如，在拍摄时，要寻找具有线条感的小道，让画面变得更动感，如图10-4所示。

图10-4 使用俯视旋转镜头拍摄

【打杆演示】下面介绍拍摄方法。

使无人机处于油菜花中小道的上空，向左拨动云台俯仰拨轮，垂直90°俯拍地面。

第 10 章　使用俯仰镜头，航拍油菜花：《鹅洲岛》

向右推动左侧的摇杆，让无人机旋转飞行，如图 10-5 所示。

图 10-5　打杆演示

10.4 技巧 4：使用俯视跟随镜头拍摄

当人物在油菜花田中行走或者奔跑时，用户可以使用俯视跟随镜头拍摄，这样不仅可以清晰地展示人物与环境之间的空间关系，使观众对场景有一个全面地了解，还能传递惬意、自由的情绪和氛围，如图 10-6 所示。

【打杆演示】下面介绍拍摄方法。

向左拨动云台俯仰拨轮，让无人机垂直 90°朝向地面俯拍，并进行对角线构图。

向右上方推动右侧的摇杆，让无人机向右侧前飞，进行俯视跟拍，如图 10-7 所示。

图 10-6　使用俯视跟随镜头拍摄

图 10-6 使用俯视跟随镜头拍摄（续）

图 10-7 打杆演示

10.5 技巧 5：使用俯视环绕镜头拍摄

江边青黄的油菜花，与蓝色的江水，在色彩上形成了鲜明对比。弯弯曲曲的江岸线，刚好可以进行曲线构图。使用俯视环绕镜头拍摄，让画面变得更动感了，如图 10-8 所示。

【打杆演示】下面介绍拍摄方法。

无人机飞行到江边，微微俯拍油菜花，向左推动右侧的摇杆，让无人机向左侧飞行。

同时，向右推动左侧的摇杆，让无人机微微环绕飞行，如图 10-9 所示。

第 10 章　使用俯仰镜头，航拍油菜花：《鹅洲岛》

图 10-8　使用俯视环绕镜头拍摄

图 10-9　打杆演示

085

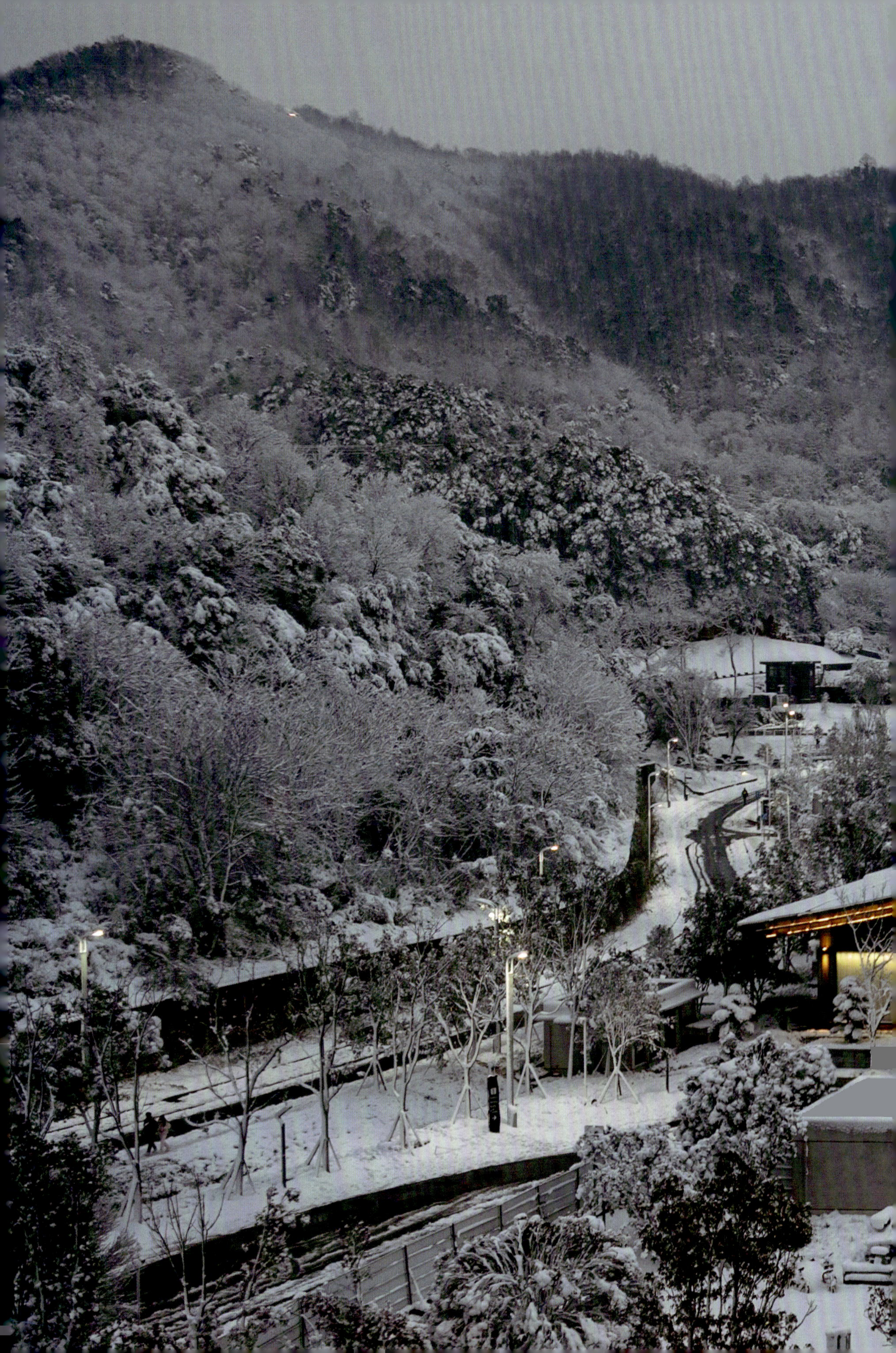

| 第 11 章 |

上升与后退运镜，航拍雪景：《爱晚亭看雪》

上升镜头可以逐渐展示出拍摄对象周围的环境，为观众提供更广阔的视角。上升镜头常用于强化剧情中的高潮或重要转折点，创造出一种情感上的提升或解脱。后退运镜可以创造出一种空间扩展的视觉效果，尤其是在狭窄的空间中使用时。随着摄像机后退，观众与拍摄对象的距离感增加，有助于展示更广阔的背景。在下雪的时候，如果雪下得不是特别大，可以使用无人机进行航拍这种不太常见的美丽风光。

11.1 技巧1：直线上升拍摄

直线上升拍摄能够带来视角的显著变化，从低角度逐渐升高至高角度，使观众能够感受到空间的高度感和深度感。这个镜头很适合用来拍摄雪中的建筑，如图11-1所示。

图 11-1　直线上升拍摄

【打杆演示】下面介绍拍摄方法。

将无人机飞到爱晚亭的前面。

向上推动左侧的摇杆，让无人机直线上升飞行，如图11-2所示。

图 11-2 打杆演示

11.2 技巧 2：上升前进拍摄

上升前进拍摄，通常指的是无人机在上升的同时向前移动。在视频开场的时候就适合使用这个镜头交代场景和故事背景，如图 11-3 所示。

图 11-3 上升前进拍摄

【打杆演示】下面介绍拍摄方法。

无人机远离爱晚亭，向上推动左侧的摇杆，让无人机上升飞行。

同时，向上推动右侧的摇杆，让无人机前进飞行，进行上升前飞，如图11-4所示。

图 11-4　打杆演示

11.3 技巧3：俯视上升拍摄

在航拍雪景中的人群时，进行俯视上升拍摄，可以捕捉到人群的全貌，这样可以丰富视频内容和画面，增强人文感，如图11-5所示。

【打杆演示】下面介绍拍摄方法。

无人机处于人群上空，向左拨动云台俯仰拨轮，垂直90°俯拍地面。

向上推动左侧的摇杆，让无人机俯视上升飞行和拍摄，如图11-6所示。

图 11-5 俯视上升拍摄

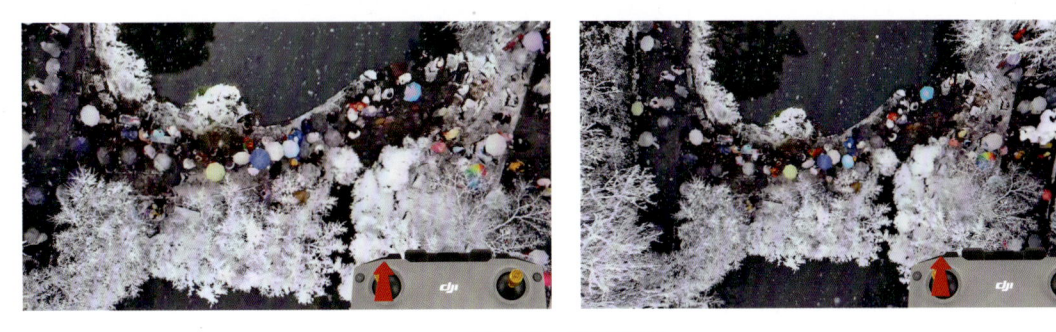

图 11-6 打杆演示

11.4 技巧 4：后退上升上抬拍摄

这个镜头结合了后退、上升和上抬三种基本运镜，这种复合运镜可以用来表现情感的升华或转变。无人机离主体越来越远，环境越来越多，可以用来宣告视频即将结束，如图11-7所示。

图 11-7 后退上升上抬拍摄

【打杆演示】下面介绍拍摄方法。

无人机远离爱晚亭，向上推动右侧的摇杆，向后飞行。

同时，向上推动左侧的摇杆，让无人机上升飞行，再同时向右拨动云台俯仰拨轮，上抬云台相机，拍摄更广阔的岳麓山雪景，如图11-8所示。

图 11-8 打杆演示

| 第 12 章 |

环绕与侧飞运镜，航拍古代建筑：《古色古香》

　　航拍能够提供从高空俯瞰古代建筑的独特视角，这种视角是地面拍摄无法比拟的。它可以展示古代建筑的整体布局、空间结构、与周围环境的关系，为观众带来全新的视觉体验。本章聚焦于古代建筑拍摄，通过精细的运镜和构图，将古代建筑的细节与整体美感完美融合，呈现出一种既古典又神秘的氛围。本章主要介绍如何使用环绕和侧飞运镜航拍古代建筑，拍出古代建筑整体的宏伟与细节的精妙。

12.1 技巧 1：顺时针环绕拍摄

顺时针环绕拍摄是无人机航拍中常用的一种运镜技巧，它能够让镜头围绕一个中心点进行顺时针方向的旋转拍摄，从而突出主体并增加画面的动感和立体感。

这种拍摄方法打破了传统的静态拍摄方式，为观众带来一种全新的、沉浸式的视觉体验，使得古建筑在镜头中更加生动、立体。下面是使用顺时针环绕拍摄的橘子洲景区中的拱极楼，全方位展示其古典韵味和气息，如图 12-1 所示。

图 12-1 顺时针环绕拍摄

【打杆演示】下面介绍拍摄方法。

无人机飞行到建筑的某个面，开启 3 倍中长焦相机。

向左推动右侧的摇杆,让无人机向左侧飞行。

同时,向右推动左侧的摇杆,让无人机环绕飞行,拍摄顺时针环绕视频,如图12-2所示。

图12-2 打杆演示

温馨提示

在环绕飞行过程中,尽量保持无人机的飞行速度匀速,避免速度突变导致的画面抖动。打杆时以稳为主,切忌短时间突然调整飞行轨迹,确保飞行轨迹平滑。

12.2 技巧2:逆时针环绕拍摄

逆时针环绕拍摄与顺时针环绕拍摄的环绕方向相反,通过这种方式,可以拍摄到目标物体的全貌、细节及周围环境的变化,为后期制作提供丰富的素材。

用逆时针环绕飞行的方式拍摄岳麓书院古代建筑,古木参天,曲径通幽,与周围的自然环境和谐相融,为书院增添了一份宁静与雅致,如图12-3所示。

图12-3 逆时针环绕拍摄

【打杆演示】下面介绍拍摄方法。

无人机拍摄岳麓书院的正面,向右推动右侧的摇杆,让无人机向右飞行。

同时,向左推动左侧的摇杆,让无人机逆时针环绕飞行拍摄,如图12-4所示。

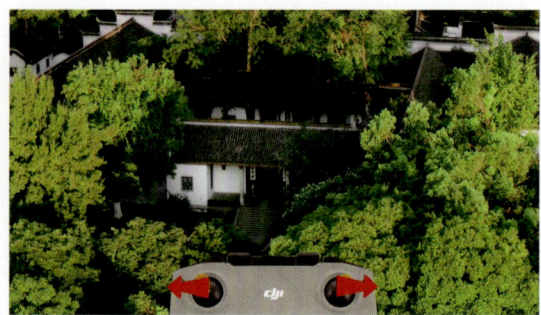

图 12-4　打杆演示

12.3 技巧 3：环绕上升拍摄

环绕上升是一种结合环绕和上升两种运镜方式的航拍技巧，是指在围绕被摄主体进行环绕运动的同时，还伴随着上升的运动轨迹。

在航拍具有一定高度的古代建筑时，使用这种运镜方式拍摄，可以展现古代建筑的形态和气势感。比如拍摄夜晚中的天心阁，不仅可以展示其气派，还能展示城市的繁华，如图 12-5 所示。

【打杆演示】下面介绍拍摄方法。

无人机处于天心阁的斜侧面，低角度微微仰拍建筑。

向左推动右侧的摇杆，让无人机向左侧飞行。

同时，向右上方推动左侧的摇杆，让无人机环绕上升飞行，一边环绕，一边上升高度飞行拍摄，如图 12-6 所示。

图 12-5　环绕上升拍摄

图 12-5　环绕上升拍摄（续）

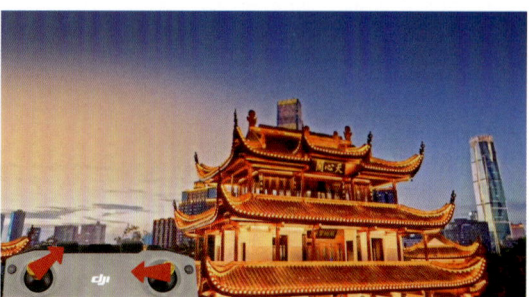

图 12-6　打杆演示

12.4 技巧 4：环绕靠近拍摄

环绕靠近运镜指的是无人机在围绕被摄主体进行环绕运动的同时，逐渐靠近被摄主体进行拍摄。这种运镜拍摄方式能够全方位地展示被摄主体，并且随着距离的缩短，逐渐揭示出更多的细节和特征，使观众能够更深入地了解和感受被摄主体。

在拍摄古代建筑的时候，可以使用这种运镜拍摄特写画面，如图 12-7 所示。

【打杆演示】下面介绍拍摄方法。

无人机处于杜甫江阁的侧面，并开启长焦镜头拍摄特写画面。

向左上方推动右侧的摇杆，让无人机向左侧飞行，并微微前飞，靠近主体。

同时，向右推动左侧的摇杆，让无人机环绕飞行，边环绕边靠近，如图 12-8 所示。

图 12-7 环绕靠近拍摄

图 12-8 打杆演示

12.5 技巧 5：侧飞运镜拍摄

侧飞运镜主要是指无人机向左或者向右飞行。这种拍摄方式的特点在于能够连续性地展示场景中的元素，同时保持被摄主体在画面中处于一定位置，从而营造出一种动态的视觉效果。

在拍摄杜甫江阁时，借助横向变化的江景，即可使用侧飞运镜拍摄，展示古建筑周边的环境，展现出一幅诗意画卷，如图 12-9 所示。

长沙·杜甫江阁

图 12-9 侧飞运镜拍摄

第 12 章　环绕与侧飞运镜，航拍古代建筑：《古色古香》

图 12-9　侧飞运镜拍摄（续）

【打杆演示】下面介绍拍摄方法。

无人机处于杜甫江阁的正面，以橘子洲为前景拍摄。

向左推动右侧的摇杆，让无人机向左侧飞行。

之后改变焦段，向右推动右侧的摇杆，让无人机向右侧飞行，进行侧飞运镜拍摄，如图 12-10 所示。

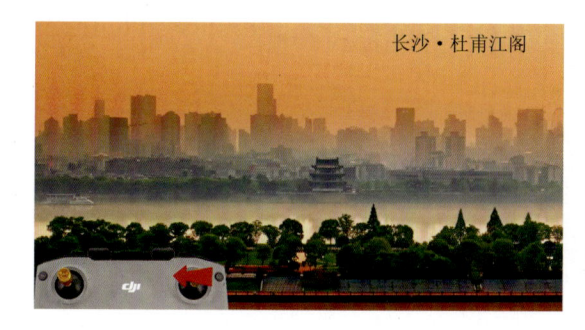

图 12-10　打杆演示

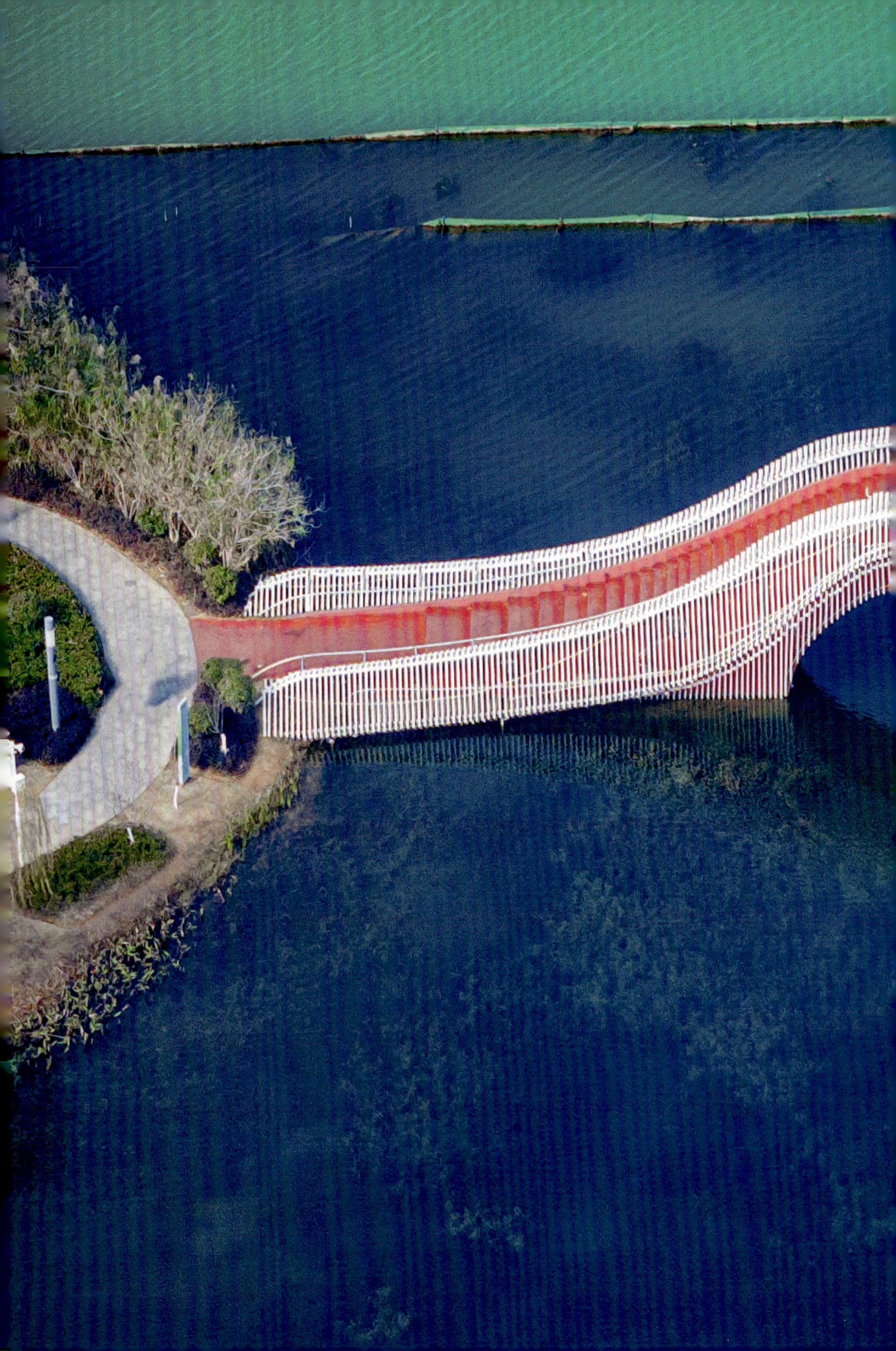

| 第 13 章 |

智能飞行技巧，航拍公园：《后湖风光》

大疆御 3 Pro 无人机包括多种智能飞行模式，可以帮助用户轻松拍摄出专业级别的视频和照片。主要有一键短片、智能跟随、大师镜头等模式，一般而言，用户只需要简单选择拍摄模式，无人机就会自动完成拍摄，有些还能自动合成视频，非常方便。本章将为大家介绍智能飞行技巧。

13.1 技巧1：掌握航拍公园的注意事项

在航拍公园风光时，需要掌握一定的拍摄技巧和注意事项，才能让航拍过程变得顺利又安全，下面介绍相应的内容。

1. 选择适合航拍的角度

在航拍公园的时候，无人机处于不同的高度和角度，画面也会有不同的张力。

图 13-1 为无人机在高空中平拍到的公园场景，树木为前景，湖景和建筑为中景，天空为背景，画面层次感十足。

图 13-1　无人机在高空中平拍到的公园场景

平拍角度虽然很常见，但是在这个角度下的被摄对象不容易变形，这种常见的拍摄角度，会让观众感到平等和亲切。

图 13-2 为无人机俯视航拍到的公园场景，湖面水天一色，非常美丽。俯拍有利于展现地面

图 13-2　无人机俯视航拍到的公园场景

上的景物层次、数量、位置等，让人产生一种辽阔的感觉。

除此之外，还可以进行仰拍，不过仰拍角度适合用来拍摄高耸的主体，比如公园中的古楼、高塔、大树等物体。

2. 选择航拍的最佳时间

在不同的时间点拍摄所表现出来的氛围也是有差距的。比如在雾天航拍，画面就比较模糊，风景若隐若现，可以表现"雾中风景"的朦胧效果，如图13-3所示；日出或者日落时刻航拍，这时光线会比较柔和，可以最大化地进行表现场景，如图13-4所示。

图13-3 在雾天航拍

图13-4 在日落前后航拍

3. 如何规避障碍物

城市公园的环境是比较复杂的，如何规避附近的障碍物，保证无人机的安全呢？下面为大家介绍一些技巧。

① 提前查看天气。天气是影响航拍的一个重要因素，无人机在天空中航拍，如果遇到了大风、大雾等天气，不仅会影响航拍画面的质量，还会影响飞行的安全，因为在大雾天气是无法从图传屏幕中看到障碍物的位置，无人机的视觉避障系统也会失效。

② 开启避障功能。如何开启无人机的避障功能呢？大家可以在"安全"设置界面中开启避障功能，选择"绕行"或者"刹停"避障行为。

③ 选择合适的飞行挡位。尽量使用平稳挡或者普通挡飞行无人机，因为在运动挡位下，无人机的避障功能是关闭的，飞行速度也比较快，对新手来说，在航拍的时候，可能会不那么容易规避掉障碍物。在推动遥控器上摇杆的时候，推杆的幅度可以小一些，这样飞行速度也能平缓一些，飞行会更加安全。

④ 尽量让无人机飞高一些。无人机在公园中低空飞行，有建筑群、树木、高压线等障碍物的威胁，所以，尽量把无人机飞高一些，也能保障无人机的飞行安全。

13.2 技巧 2：使用一键短片模式拍摄

公园中个性化的建筑非常多，用户可以先选目标，然后选择模式拍摄，自动快速出片。

在使用一键短片模式进行拍摄时，用户只需选取拍摄目标、观察飞行环境和设定好相应的参数，就能让无人机一键飞行和拍摄。目前，大疆御 3 Pro 无人机包括六种一键短片模式。

一键短片中的渐远模式是指无人机以目标为中心逐渐后退并上升飞行。在使用渐远模式拍摄视频的时候，需要先选择拍摄目标，无人机才能进行相应的飞行操作。使用渐远模式拍摄的视频效果如图 13-5 所示。

图 13-5　使用渐远模式拍摄的视频效果

【实拍演练】下面介绍拍摄方法。

在 DJI Fly App 的相机界面中点击拍摄模式按钮▭，如图 13-6 所示。

在弹出的面板中，❶选择"一键短片"选项；❷选择"渐远"拍摄模式，如图 13-7 所示。

❶在屏幕中用手指框选建筑为目标，目标被选中之后，会在绿色的方框内；❷点击 Start（开始）按钮，如图 13-8 所示，执行操作后，无人机进行后退和拉高飞行。

第 13 章 智能飞行技巧，航拍公园：《后湖风光》

图 13-6 点击拍摄模式按钮

图 13-7 选择"渐远"拍摄模式

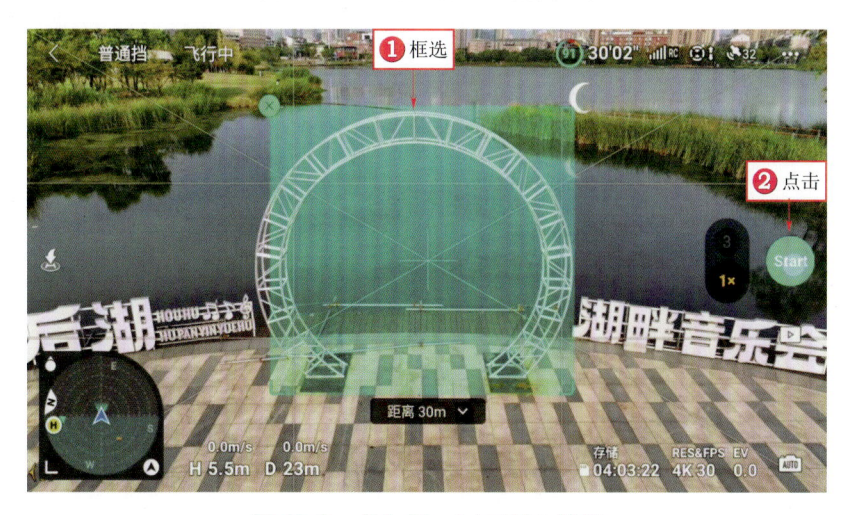

图 13-8 点击 Start（开始）按钮

105

拍摄任务完成后，无人机将自动返回到起点，如图13-9所示。

图13-9　无人机将自动返回到起点

13.3　技巧3：使用智能跟随模式拍摄

公园也是一个非常适合拍摄人像的地方，当人流量不大的时候，可以使用无人机拍摄人像。在拍摄的时候，需要选择合适的地点，最好选择障碍物较少的空旷地带。

使用无人机的智能跟随模式，可以让无人机自动跟随人物并且进行拍摄，视频效果如图13-10所示。目前，智能跟随模式有跟随、聚焦、环绕三种模式。

图13-10　视频效果

【实拍演练】下面介绍拍摄方法。

在DJI Fly App的相机界面中，❶用手指在屏幕中框选人物为目标，目标被选中之后，会在绿色的方框内弹出相应的面板；❷选择"跟随"模式，如图13-11所示。

弹出"追踪"菜单，❶选择F选项；❷点击GO按钮，跟随运动中的人物；❸点击拍摄按钮🔴，如图13-12所示，"追踪"菜单中的B表示从背面跟随；F表示从正面跟随；R表示从右侧跟随；L表示从左侧跟随。

在飞行过程中,无人机会根据环境调整飞行方向跟随人物,如图13-13所示,拍摄完成后,点击Stop按钮,即可停止跟随,点击拍摄按钮 ●,即可停止录像。

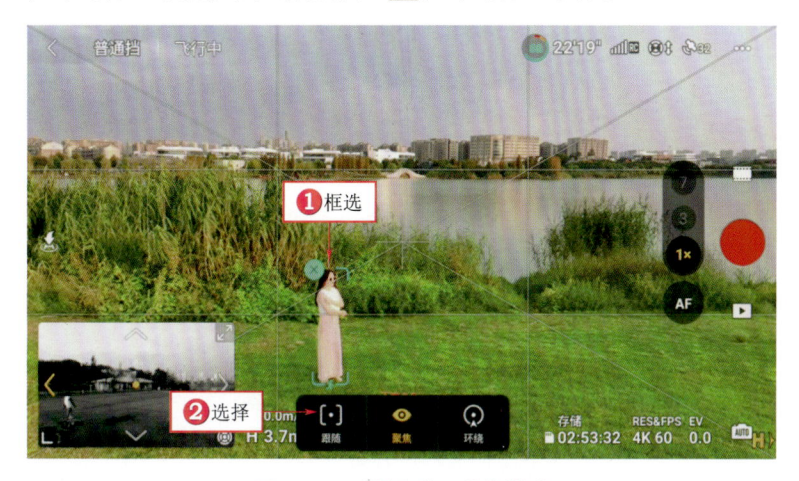

图 13-11 选择"跟随"模式

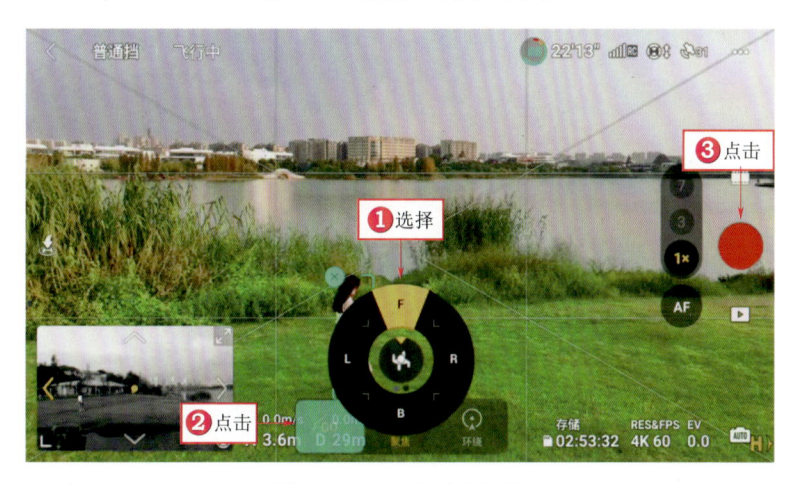

图 13-12 点击拍摄按钮

图 13-13 无人机会根据环境调整飞行方向跟随人物

13.4 技巧4：使用全景模式航拍公园

无人机的全景模式是一种强大的拍摄功能，它允许无人机围绕一个中心点进行360°或特定角度的拍摄，从而生成全景图像。一般是通过拍摄多张照片并将它们拼接成一张全景照片，这样可以捕捉到更广阔的视野。大疆无人机的全景模式提供了多种选择，包括球形、180°、广角和竖拍全景。

用户可以使用180°全景模式航拍公园风光，如图13-14所示，让画面容纳更多的美景。

图13-14　使用180°全景模式航拍公园风光

【实拍演练】下面介绍拍摄方法。

在DJI Fly App的相机界面中点击拍摄模式按钮▢，如图13-15所示。

图13-15　点击拍摄模式按钮

在弹出的面板中，❶选择"全景"选项；❷选择180°全景模式；❸点击拍摄按钮⬜，如图13-16所示，无人机会自动拍摄照片，并自动合成全景照片。

图 13-16　点击拍摄按钮

13.5 技巧 5：使用大师镜头航拍公园

大师镜头模式能够根据拍摄目标的类型和距离等信息，智能匹配人像、近景或远景三种飞行轨迹，并自动执行多种经典航拍运镜，如缩放变焦、扣拍旋转、横滚前飞等。在拍摄公园时，如果用户不知道该用什么运镜拍摄时，就可以使用这个模式，进行智能飞行拍摄。

下面为大家展示拍摄好的10段运镜视频效果，分别是渐远、远景环绕、抬头前飞、近景环绕、中景环绕、冲天、扣拍前飞、扣拍旋转、平拍下降和扣拍下降运镜，如图13-17所示。

渐变

图 13-17　10 段运镜视频效果

远景环绕

抬头前飞

近景环绕

中景环绕

图 13-17　10 段运镜视频效果（续）

第13章 智能飞行技巧，航拍公园：《后湖风光》

冲天

扣拍前飞

扣拍旋转

平拍下降

图 13-17 10 段运镜视频效果（续）

111

扣拍下降

图13-17 10段运镜视频效果（续）

【实拍演练】下面介绍拍摄方法。

在DJI Fly App的相机界面中点击拍摄模式按钮 ▥，如图13-18所示。

在弹出的面板中选择"大师镜头"拍摄模式，如图13-19所示。

图13-18 点击拍摄模式按钮

图13-19 选择"大师镜头"拍摄模式

❶用手指在屏幕中框选目标对象，等方框内的区域变绿，即可成功选择目标；❷点击 Start（开始）按钮，开始拍摄任务，如图 13-20 所示。

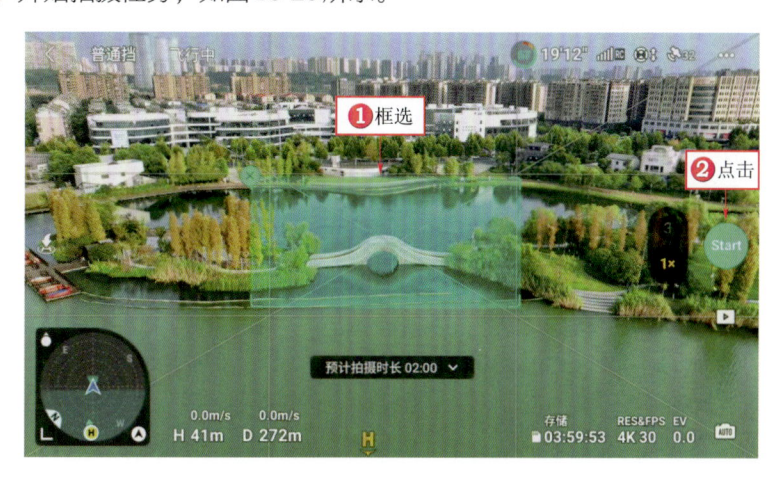

图 13-20　点击 Start（开始）按钮

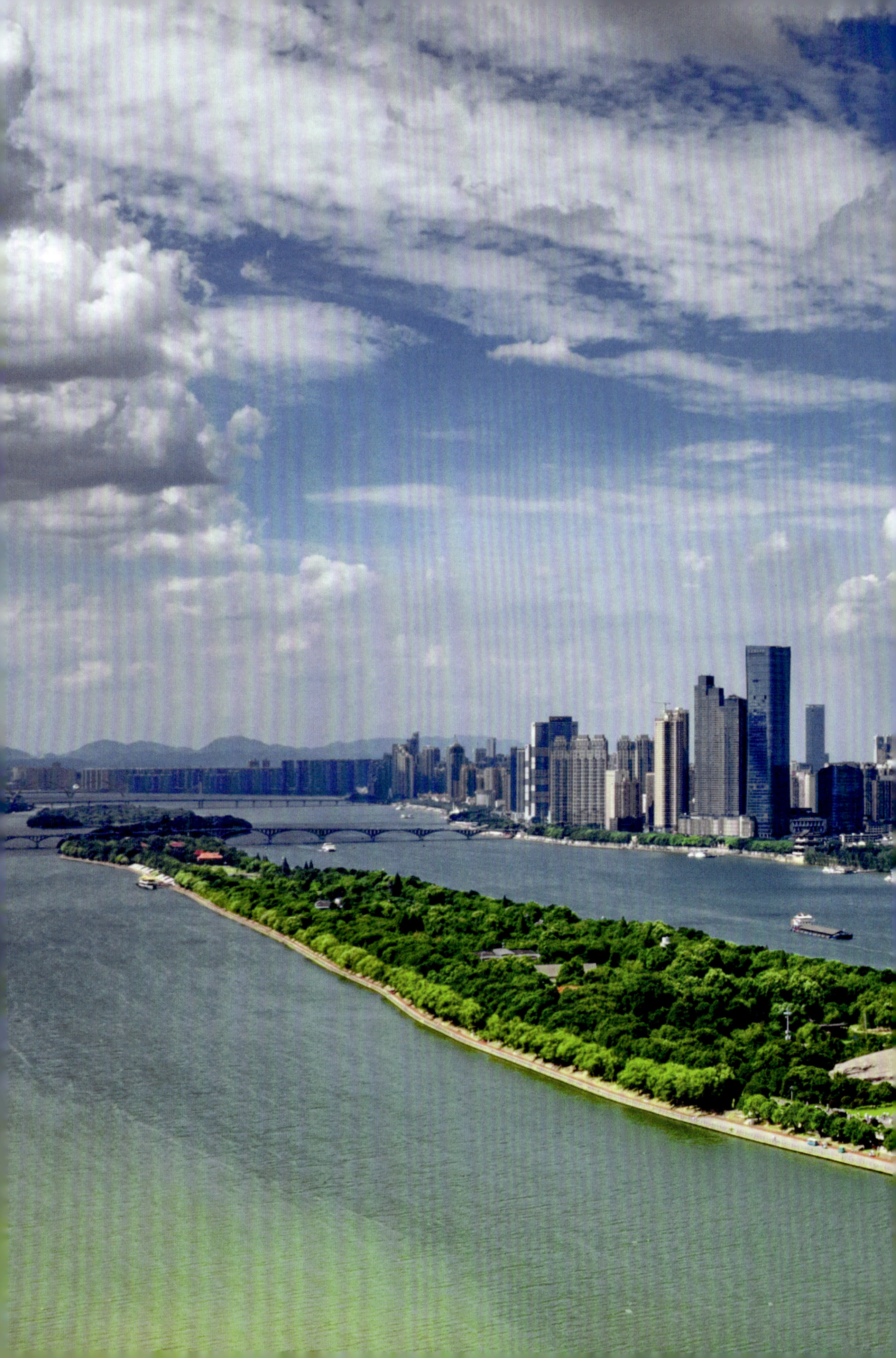

| 第 14 章 |

拍出快镜头画面，航拍延时：《云起星城》

延时航拍通过将长时间内拍摄的画面进行压缩，短时间内快速播放，从而呈现出时间快速流逝的快镜头视觉效果，带给观众强烈的视觉冲击和震撼感。例如，可以将10分钟的航拍内容在10秒或更短时间内播放完毕。延时航拍为摄影师提供了更多的创意表现空间。通过选择合适的拍摄时间、角度和轨迹，可以创造出独特的视觉效果，如光轨、云层变化、城市夜景等。本章将为大家介绍延时航拍的技巧。

14.1 技巧1：掌握延时航拍的注意事项

延时拍摄需要花费大量的时间成本，有时候需要好几个小时才能拍出一段理想的片子，如果你不想自己拍出来的是废片，那么事先做好充足的准备，才能更好地提高出片效率。下面介绍几点延时航拍的注意事项。

① 存储卡在延时拍摄中很重要，在连续拍摄的过程中，如果SD卡存在缓存问题，就很容易导致画面卡顿，甚至漏拍。在拍摄前，最好准备一张大容量、高传输速度的SD卡。

② 设置好拍摄参数，推荐大家用自动挡拍摄，可以让你在拍摄中根据光线变化调整光圈、快门速度和ISO参数。

③ 白天拍摄延时的时候，在光线强烈的环境中，建议配备ND64滤镜，降低快门速度为1/8，可以达到延时视频比较自然的动感模糊效果。

④ 建议用户采用手动对焦，对准目标自动对焦完毕后，切换至手动模式，避免拍摄途中焦点漂移，导致拍摄出来的画面不清晰。

⑤ 由于延时拍摄的时间较长，建议用户让无人机在满电或者电量充足的情况下拍摄，避免无人机没电，影响拍摄效率。

⑥ 建议打开保存原片设置，保存原片会给后期调整带来了更多的空间，也可以制作出4K分辨率的延时视频效果。点击右下角的"格式"按钮，在其中可以选择RAW格式。除此之外，也可以在"拍摄"设置界面选择RAW的原片类型，如图14-1所示。

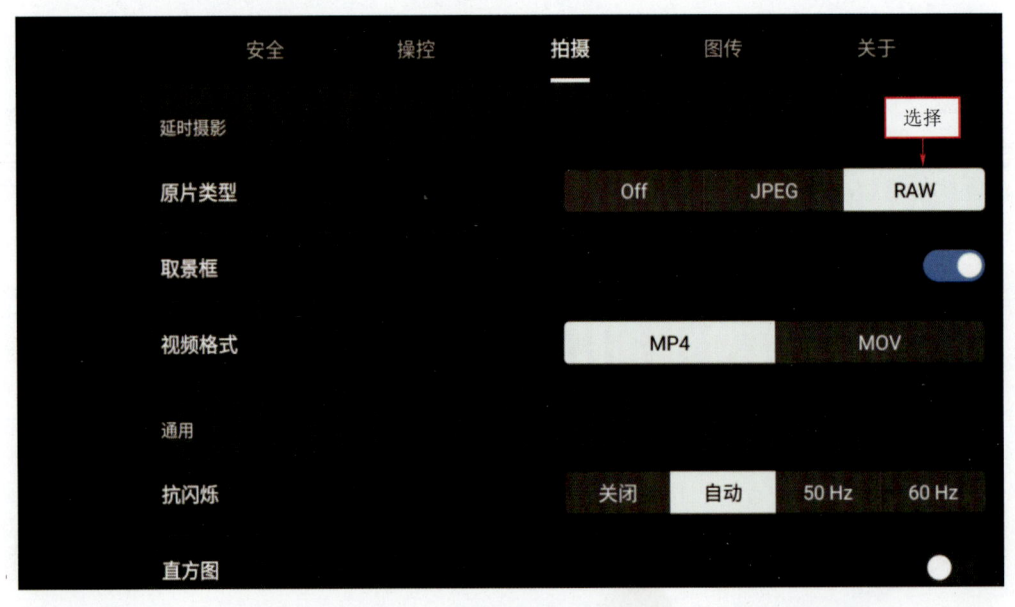

图14-1 选择RAW的原片类型

⑦ 在拍摄之前，预先规划无人机的飞行路线和拍摄点，可以提高拍摄效率和作品质量。

⑧ 不要在大风天气拍摄延时，拍出来的画面可能会非常抖动。大雨、雷电天气需要谨慎起飞，避免炸机。

⑨ 拍摄完成后，可以在视频编辑软件中进行剪辑、调色、添加音乐等，以增强作品的观赏性。

14.2 技巧 2：掌握 4 种延时模式

建议新手在开始学习航拍延时视频的时候，先从无人机内置的延时功能开始学习，后续再根据拍摄需求增加自定义拍摄方法。下面介绍进入"延时摄影"模式的操作方法。

在 DJI Fly App 的相机界面中点击拍摄模式按钮 ▭，如图 14-2 所示。

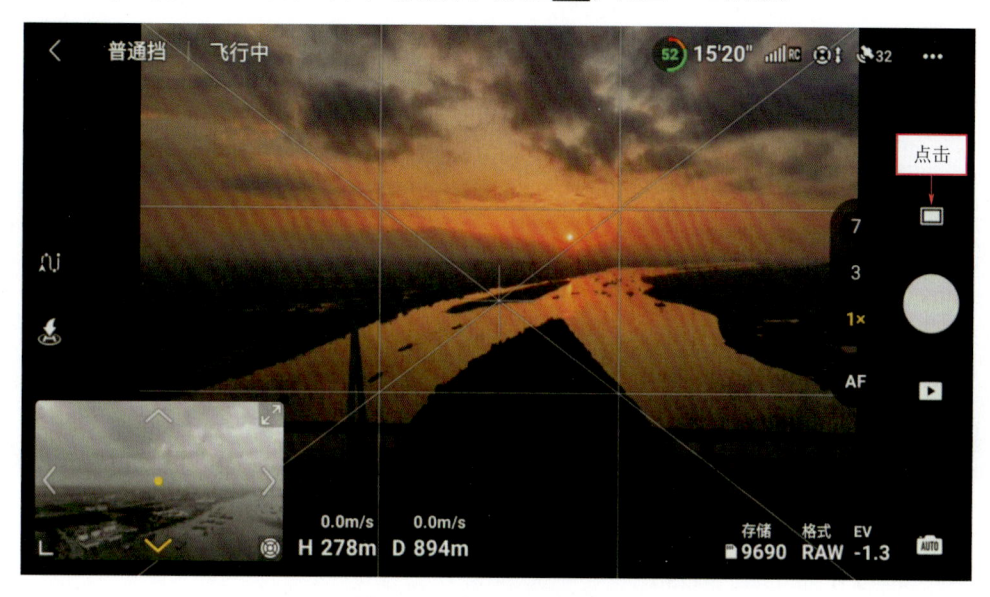

图 14-2　点击拍摄模式按钮

在弹出的面板中，❶选择"延时摄影"选项；❷弹出 4 种延时拍摄模式，有自由延时、环绕延时、定向延时和轨迹延时，如图 14-3 所示。

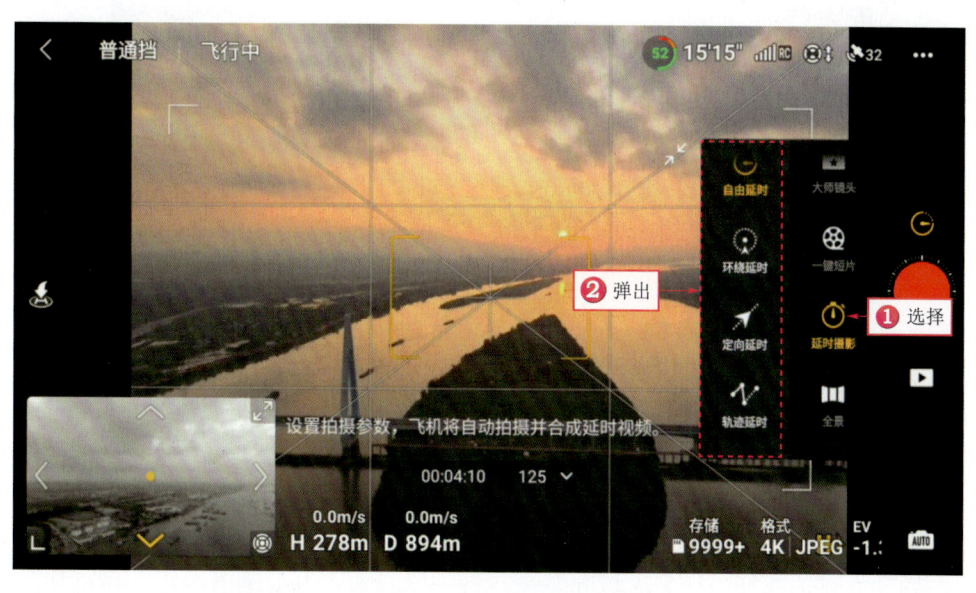

图 14-3　4 种延时拍摄模式

14.3 技巧3：拍摄侧飞延时画面

侧飞延时是轨迹延时模式中的一种，是指无人机飞行的轨迹是左右飞行的。在使用"轨迹延时"拍摄模式时，需要设置多个航点，不过主要是需要设置画面的起幅点和落幅点。在拍摄之前，用户需要提前让无人机沿着航线飞行，到达所需的高度，设定朝向后再添加航点，航点会记录无人机的高度、朝向和摄像头角度。

全部航点设置完毕后，无人机可以按正序或倒序的方式拍摄轨迹延时。使用轨迹延时拍摄的侧飞延时视频效果如图14-4所示。

图14-4 侧飞延时视频效果

【实拍演练】下面介绍拍摄方法。

在DJI Fly App的相机界面中，❶点击拍摄模式按钮 ✓；❷在弹出的面板中选择"延时摄影"选项；❸选择"轨迹延时"拍摄模式；❹点击"请设置取景点"旁边的下拉按钮 ⌄，如图14-5所示。

图14-5 点击下拉按钮

点击 + 按钮，如图14-6所示，设置无人机轨迹飞行的起幅点。

向左推动右侧的摇杆，让无人机向左侧飞行一段距离，点击 + 按钮，❶添加落幅点；❷点击更多按钮 ⋯，如图14-7所示。

第 14 章　拍出快镜头画面，航拍延时：《云起星城》

❶设置"逆序"拍摄顺序，默认设置"拍摄间隔"参数为2s、"视频时长"参数为5 s；❷点击拍摄按钮 ⬤，如图14-8所示，无人机即可沿着轨迹飞行，并拍摄序列照片，拍摄完成后再合成一段侧飞轨迹延时视频。

图 14-6　点击相应按钮

图 14-7　点击更多按钮

图 14-8　点击拍摄按钮

14.4 技巧 4：拍摄云霞变化延时视频

当天空出现美丽的云霞时，可以使用无人机拍摄延时记录，用延时记录壮观的云霞变化景象。在拍摄时，尽量选择一个视野开阔、没有高大建筑物或树木遮挡的地方，比如山顶、海边、草原或城市的高楼天台。然后再选择合适的延时模式进行拍摄，比如继续选择"轨迹延时"模式拍摄一些侧飞延时视频，拍摄方法在上一个技巧中有，这里就不赘述了。

当太阳光线穿过云霞的时候，还会出现美丽的丁达尔效应，如图14-9所示。

图 14-9　拍摄云霞变化延时视频

14.5 技巧 5：拍摄车流变化延时视频

车流变化也适合拍摄延时视频，尤其是跨江大桥上的车流，也很适合拍摄侧飞延时视频。在拍摄时，尽量选择车流量大、车道多、有交通灯的路口或高速公路入口/出口。

还可以寻找有特色的建筑、桥梁、地标或景观作为背景，增加视频的吸引力。比如，在长沙繁华的橘子洲大桥上空航拍车流，如图14-10所示。要确保拍摄地点安全，不要妨碍交通或将无人机置于危险之中。

第 14 章 拍出快镜头画面,航拍延时:《云起星城》

图 14-10 拍摄车流变化延时视频

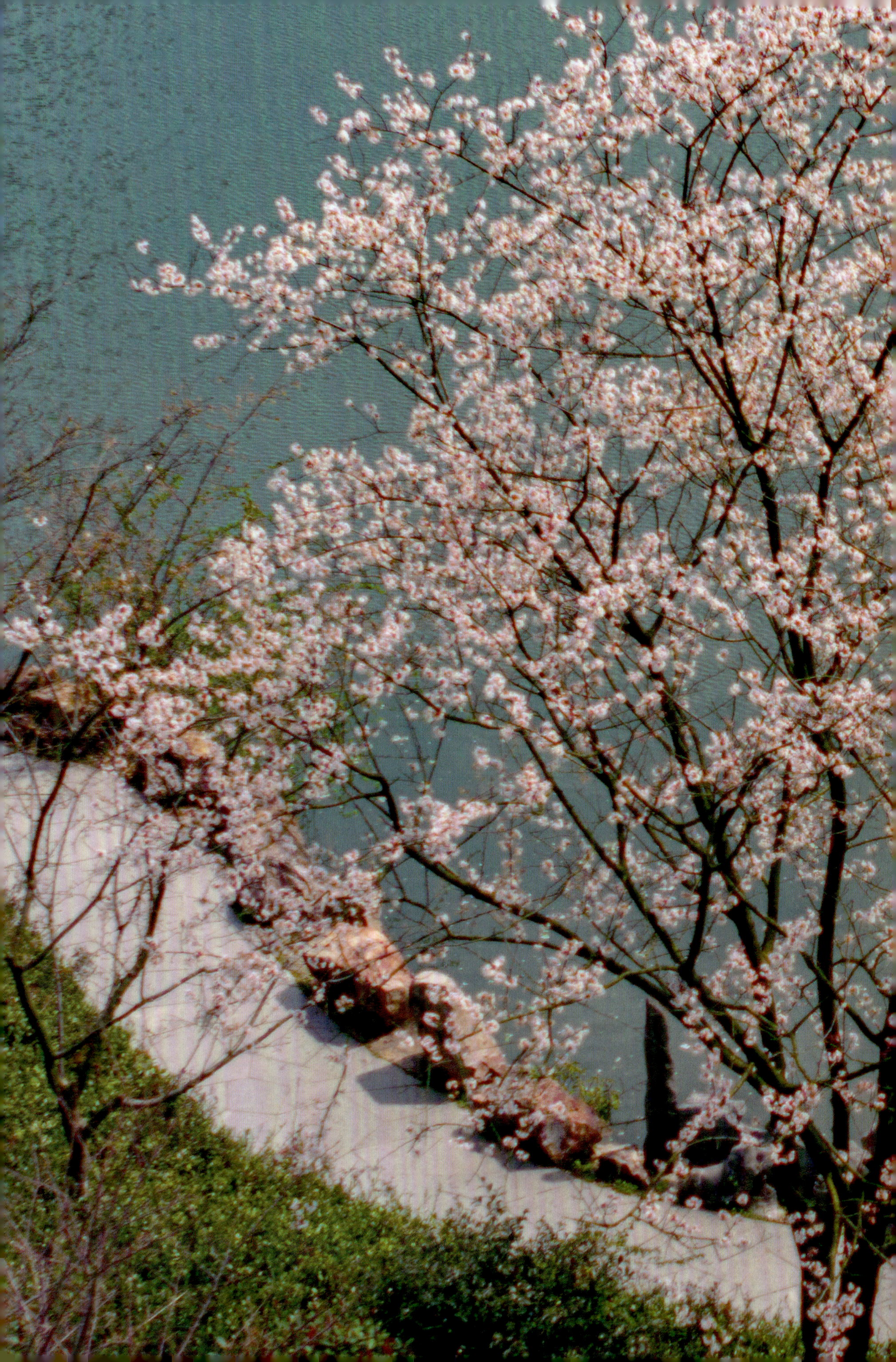

| 第 15 章 |

利用地形拍摄，航拍树木：
《万物有灵》

　　树木是十分常见的，航拍可以展示树木的整体形态和其在环境中的位置，特别是对于高大或成片的树林。从空中俯瞰树木，可以捕捉到地面视角难以发现的图案和纹理。航拍减少了对树木生长环境的干扰，特别是在生态敏感区域。不同地形上的树木拥有不同的特点，也可以使用不同的拍摄手法拍摄。本章将为大家介绍一些航拍树木的技巧。

15.1 技巧1：在平原上航拍夫妻树

平原中的树木种类繁多，形态各异，有的挺拔高耸，有的低矮弯曲，有的枝叶茂密，有的稀疏有致，一般而言，平原上的树都是比较低矮且稀疏的。

春天是航拍树木的最好季节，一些树木会长满茂密的绿叶，一些树木则会开花。当绿树与花树结合在一起，就是美丽又般配的"夫妻树"，如图15-1所示，这是在贵州威宁航拍到的"夫妻树"。

图15-1 在平原上航拍"夫妻树"

【打杆演示】下面介绍拍摄方法。

无人机靠近树木，进行平拍。

向下推动右侧的摇杆，让无人机后退飞行，直到画面中出现两棵完整的"夫妻树"，如图 15-2 所示。

图 15-2 打杆演示

15.2 技巧 2：在田园中航拍塔尖树

惜字塔位于湖南省长沙市望城区茶亭镇九峰山村，为低山丘陵地貌。惜字塔最为人称奇的景观莫过于塔顶生长的大树。据记载，清光绪二十六年（1900 年）塔顶被雷击毁，尔后长出一株朴树（也有说法为野胡椒树）。

这株树历经风雨，如今已高约 6 m，形如华盖，根系穿过塔身，直至塔基，生长茂盛。这种塔树共生的奇特景象，吸引了无数游客前来观赏，如图 15-3 所示。

图 15-3 在田园中航拍塔尖树

【打杆演示】下面介绍拍摄方法。

无人机处于塔下，仰拍大树，向上推动左侧的摇杆，让无人机向上飞行。

向右上方推动右侧的摇杆，让无人机前进右飞。

向右拨动云台俯仰拨轮，让无人机上升前进右飞的同时，继续仰拍塔上的大树，如图 15-4 所示。

图 15-4　打杆演示

15.3 技巧 3：在公园里航拍常绿树

公园中通常会种植多种树木，包括常绿树和落叶树，每种树都有其独特的形态和色彩。树木随季节变化呈现不同的色彩和形态，如春天的嫩绿、秋天的金黄，树木与公园内的其他元素，如小径、湖泊、座椅等，共同构成和谐的自然景观。

在春天来临时，人们会在公园里野餐，此时可以航拍记录大树底下的人类活动，展现人与自然和谐共处的画面，如图 15-5 所示。

【打杆演示】下面介绍拍摄方法。

无人机处于樟树上空，俯拍地面，并以樟树为前景，使用长焦镜头拍摄野餐的人。

向右推动右侧的摇杆，让无人机向右飞行，渐渐露出更多的人类活动画面，如图15-6所示。

图 15-5　在公园里航拍常绿树

图 15-5　在公园里航拍常绿树（续）

图 15-6　打杆演示

15.4 技巧 4：在道路上航拍梧桐树

　　道路两旁的树木有一定的规划和设计，如排列成行、形成特定图案或围绕特定景观。当秋天来临的时候，道路两旁的梧桐树叶会逐渐变黄、变红，为城市增添一抹亮丽的色彩。

　　由于道路一般具有线条感，所以，在道路上空航拍梧桐树，最好的航拍角度就是云台相机垂直 90°朝下拍摄，运镜方式则可以使用侧飞镜头，比如向左或者向右飞行拍摄。如果想要画面更简洁一些，可以降低高度或者使用长焦镜头拍摄，如图 15-7 所示，当然还要注意安全。

　　【打杆演示】下面介绍拍摄方法。

　　向左拨动云台俯仰拨轮，让无人机垂直 90°朝向地面俯拍，开启长焦镜头并进行对称构图。

　　向左推动右侧的摇杆，让无人机向左飞行，进行俯视侧飞，拍摄道路两旁的梧桐树，如图 15-8 所示。

图 15-7　在道路上航拍梧桐树

图 15-8　打杆演示

15.5 技巧 5：在文化园航拍樱花树

长沙晚安家居文化园，位于长沙市岳麓区。在春天的时候，里面的樱花山上会开满樱花，甚是浪漫。为了拍摄到更好的视频效果，建议在清晨航拍，这时光线柔和，且游客相对较少，如图 15-9 所示。

图 15-9　在文化园航拍樱花树

图 15-9　在文化园航拍樱花树（续）

【打杆演示】下面介绍拍摄方法。

无人机飞到樱花山上空，向右推动右侧的摇杆，让无人机向右侧飞行。

同时，向左推动左侧摇杆，让无人机环绕飞行，拍摄樱花树，如图 15-10 所示。

图 15-10　打杆演示

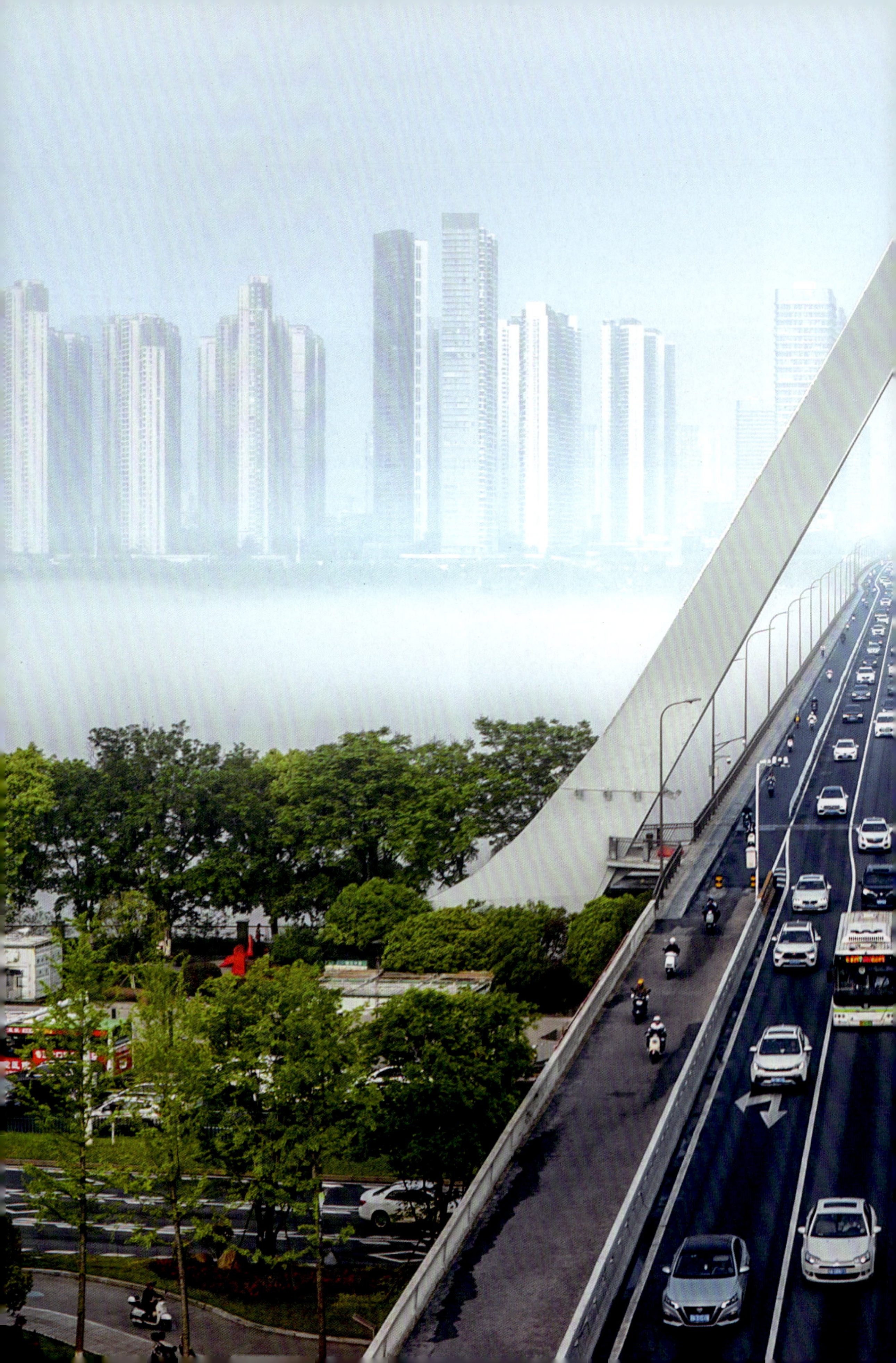

| 第 16 章 |

多角度拍摄，航拍大桥：
《银盆岭大桥》

　　多角度拍摄是指通过不同的角度拍摄，捕捉到拍摄对象不同层面的细节和特征，使画面更加生动、立体。它不仅能够丰富作品的表现力，还能展现出拍摄对象的多样性和独特性。银盆岭大桥，原名湘江二桥或北大桥，是长沙市重要的交通枢纽之一。由于其重要的地理位置和独特的建筑结构，银盆岭大桥不仅是长沙市的一个重要交通设施，也成为一个著名的旅游景点。本章将为大家介绍多角度航拍大桥的技巧。

16.1 技巧1：前飞拍摄大桥正面

在大桥正面航拍时，需要根据大桥的高度和规模，选择一个既能完整展现大桥正面，又能包含部分周边环境的飞行高度。一般来说，飞行高度不宜过低，以免镜头畸变影响画面效果；也不宜过高，以免失去细节。可以使用前飞镜头逐渐展现大桥的正面，如图16-1所示。

图 16-1 前飞拍摄大桥正面

【打杆演示】下面介绍拍摄方法。

无人机在银盆岭大桥正面，飞行高度微微低一些，先远离大桥。

向上推动右侧的摇杆，让无人机前进飞行，离大桥正面越来越近，如图16-2所示。

图 16-2 打杆演示

16.2 技巧 2：侧飞拍摄大桥侧面

在清晨时刻，雾中的银盆岭大桥有一种朦胧美感。从侧面拍摄，可以突出桥梁的线条和斜拉索的美感，也可以展现桥梁的宏伟和与周围环境的融合，如图 16-3 所示。

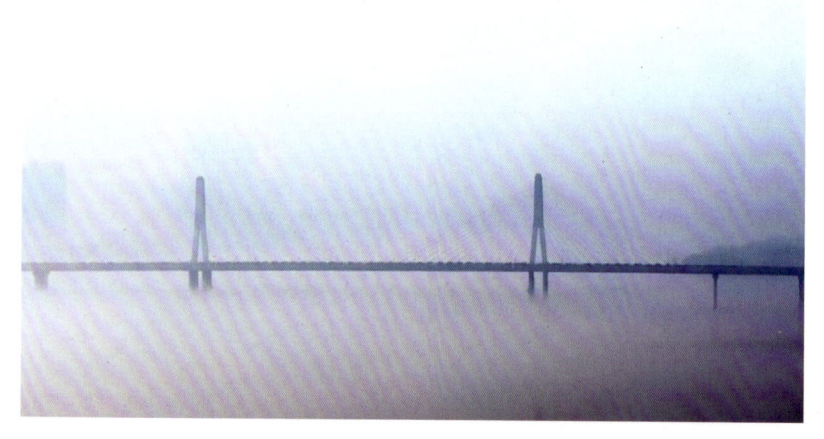

图 16-3 侧飞拍摄大桥侧面

【打杆演示】下面介绍拍摄方法。

无人机处于大桥侧面，平拍大桥。

向右推动右侧的摇杆，让无人机向右侧飞行，如图16-4所示。

图16-4　打杆演示

16.3　技巧3：上升拍摄大桥建筑

早晨或傍晚时分的光线柔和，这时航拍大桥，可以拍出温暖或金色的阳光，增强画面的视觉效果。

跨江大桥上一般会有一些标志性建筑，使用上升镜头航拍这些建筑，可以让画面更有层次感，视觉冲击力更强，如图16-5所示。

图16-5　上升拍摄大桥建筑

【打杆演示】下面介绍拍摄方法。

无人机飞行到大桥正面，先放低高度，并使用长焦镜头航拍。

向上推动左侧的摇杆，让无人机上升飞行，拍摄建筑和大桥上的车流，画面更有压迫感，如图16-6所示。

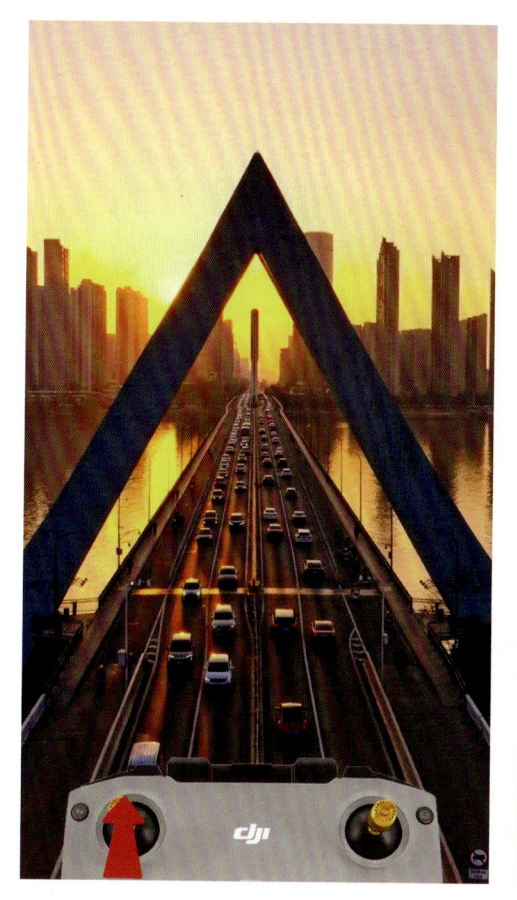

图 16-6　打杆演示

16.4 技巧 4：旋转拍摄大桥上方

俯瞰航拍，可以展现大桥的不同面貌。特别是从高空俯瞰，可以捕捉到银盆岭大桥的全貌和壮阔的江景。如果条件允许，可以等待船只经过银盆岭大桥时进行拍摄。这样可以捕捉到船只与大桥相映成趣的画面，增加画面的动感和趣味性，如图16-7所示。

【打杆演示】下面介绍拍摄方法。

向左拨动云台俯仰拨轮，让相机垂直90°朝向地面俯拍大桥，并进行对角线构图。

向左推动左侧的摇杆，让无人机旋转飞行，俯拍大桥与船只，如图16-8所示。

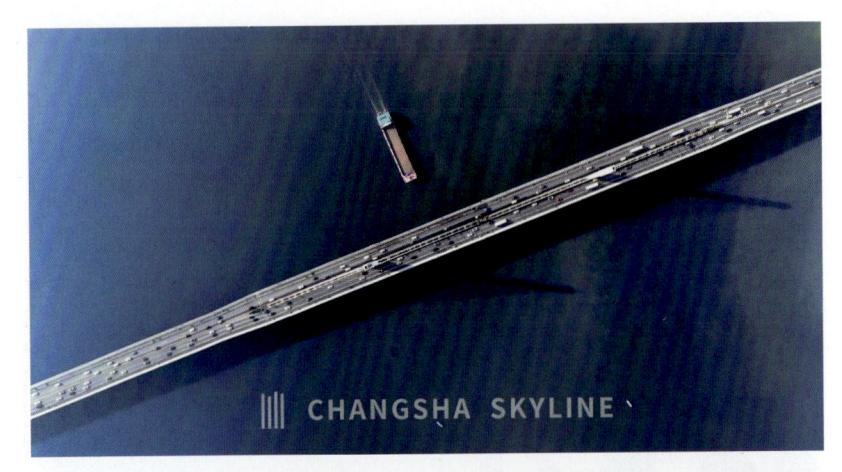

图 16-7 俯瞰拍摄大桥上方

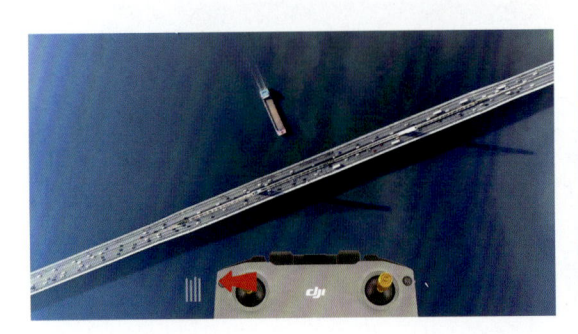

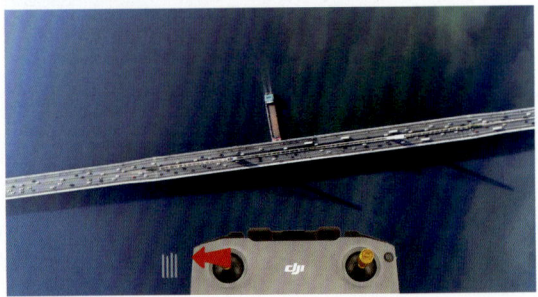

图 16-8 打杆演示

16.5 技巧 5：后退拍摄大桥侧面

在视频快要结束的时候，可以使用后退镜头航拍，让大桥渐渐变小，这揭示视频的结束，宣告退场。同样，也是航拍大桥的侧面，大桥上的车辆也正在渐渐出画，如图 16-9 所示。

图 16-9 后退拍摄大桥侧面

【打杆演示】下面介绍拍摄方法。

无人机飞到大桥的侧面，进行平拍。

向下推动右侧的摇杆，让无人机后退飞行，远离大桥，如图 16-10 所示。

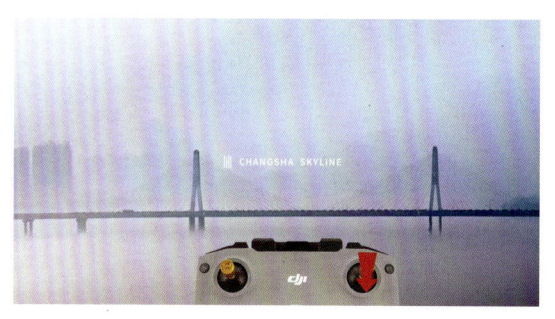

图 16-10 打杆演示

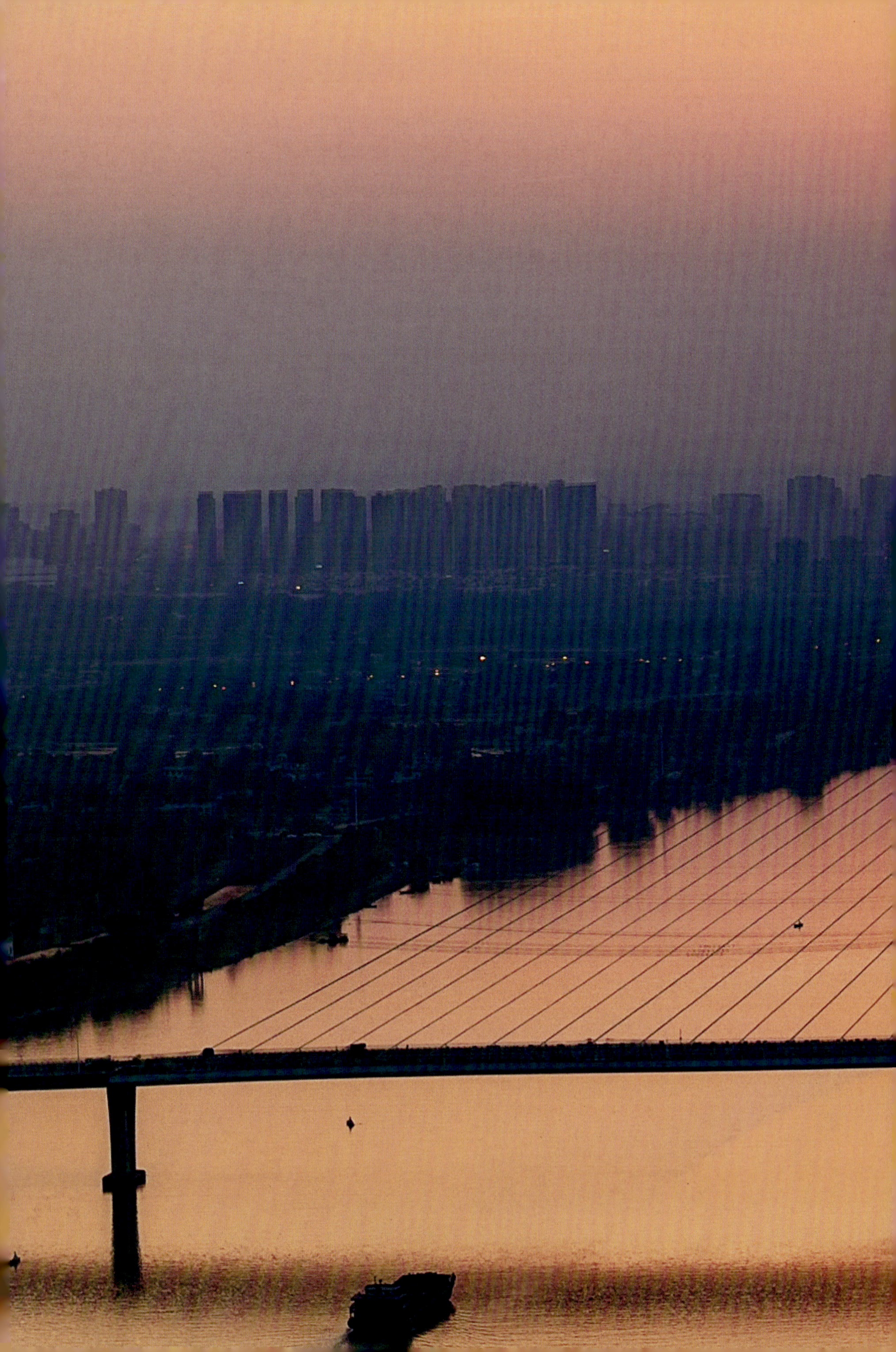

| 第 17 章 |

捕捉光影瞬间，航拍日落：
《霞光满天》

光线最好的时刻，就是日出和日落前后一小时，这也是航拍朝霞和晚霞最好的时刻。霞是由于日出和日落前后，阳光通过厚厚的大气层，被大量的空气分子散射的结果。当空气中的尘埃、水汽等杂质越多时，其色彩越显著。如果有云层，云块也会染上橙红艳丽的颜色。通过航拍，可以展现日落的壮丽景象，包括夕阳的余晖、天空的云彩和地面的景物等，为观众带来震撼的视觉体验。本章将为大家介绍如何拍摄日落。

17.1 技巧1：拍摄日落星芒画面

星芒效果是光线通过相机镜头的叶片式光圈产生的衍射现象形成的。星芒效果能够为照片增加一种特别的视觉吸引力，使日落场景更加生动和引人注目。在拍摄时，使用偏振镜可以减少天空的反光，使太阳光芒更加明显，使用小光圈也可以产生明显的星芒效果。

建议用户在PRO（手动挡）中设置拍摄参数，降低光圈，并在日落时分拍摄，这样就可以拍摄到美丽的星芒画面，如图17-1所示。

图17-1 拍摄日落星芒画面

第 17 章 捕捉光影瞬间，航拍日落：《霞光满天》

【打杆演示】下面介绍拍摄方法。

无人机飞行到梅溪湖文化岛附近，逆光拍摄日落，并使用小光圈航拍。

向右上方推动右侧的摇杆，让无人机向右前进飞行。

同时，向左推动左侧的摇杆，让无人机环绕靠近飞行，绕过文化岛，拍摄日落星芒画面，如图17-2所示。

图 17-2　打杆演示

17.2 技巧 2：拍摄日落时分的水面

当太阳角度较低时，水面的颜色非常丰富，可以拍摄出极佳的倒影效果。利用水面形成的倒影进行对称构图，可以营造出一种和谐、优美的感觉。

在拍摄的时候，可以选择平静的水面，如湖泊、池塘或者无风的海洋，能够提供清晰的反射效果。选择这样的水面作为拍摄对象，可以获得更好的反射效果。

太阳落山之前的20分钟之内是拍摄的最佳时机，此时天空的色彩最为丰富，光线也很柔和，如图17-3所示。

图 17-3　拍摄日落时分的水面

【打杆演示】下面介绍拍摄方法。

无人机在湘江边平拍日落，向左推动右侧的摇杆，让无人机向左侧飞行。

同时，向右推动左侧的摇杆，让无人机微微环绕飞行，拍摄水面上的日落倒影，如图17-4所示。

图 17-4　打杆演示

17.3 技巧 3：拍摄日落时分的港口

日落前的黄金时刻是拍摄的最佳时机，此时的光线柔和且色彩丰富。用户可以利用港口建筑、船只、灯塔等作为前景元素，增加画面的层次感和深度，如图 17-5 所示。

图 17-5　拍摄日落时分的港口

第 17 章 捕捉光影瞬间，航拍日落：《霞光满天》

【打杆演示】下面介绍拍摄方法。

无人机飞行到霞凝港的上空，拍摄落日。

向右推动右侧的摇杆，让无人机向右飞行，也可以开启长焦镜头进行右飞拍摄，如图17-6所示。

图 17-6　打杆演示

17.4 技巧 4：拍摄日落时分的剪影

在拍摄剪影时，需要让主体曝光不足，形成黑色的轮廓，最好是逆光拍摄。还要确保对焦准确，这对于整体画面的清晰度至关重要，如图17-7所示。

【打杆演示】下面介绍拍摄方法。

无人机开启长焦，航拍星联路大桥上作业的工人，向左推动右侧的摇杆，向左飞行。

同时，向右推动左侧的摇杆，让无人机环绕飞行，使画面更动感，如图17-8所示。

图 17-7　拍摄日落时分的剪影

图 17-7　拍摄日落时分的剪影（续）

图 17-8　打杆演示

17.5 技巧 5：拍摄城市的日落晚霞

晚霞，因其色彩斑斓、形态多变而备受人们喜爱。在晴朗或多云的天气适合拍摄晚霞。由于晚霞通常作为背景出现，因此，对焦可以放在前景元素上（如建筑物、树木等），以确保这些元素清晰可见，如图 17-9 所示。

图 17-9　拍摄城市的日落晚霞

第 17 章　捕捉光影瞬间，航拍日落：《霞光满天》

图 17-9　拍摄城市的日落晚霞（续）

【打杆演示】下面介绍拍摄方法。

无人机飞到建筑周围，以建筑为前景，拍摄晚霞。

向左上方推动右侧的摇杆，让无人机左飞前进，越过前景拍摄晚霞，如图 17-10 所示。

图 17-10　打杆演示

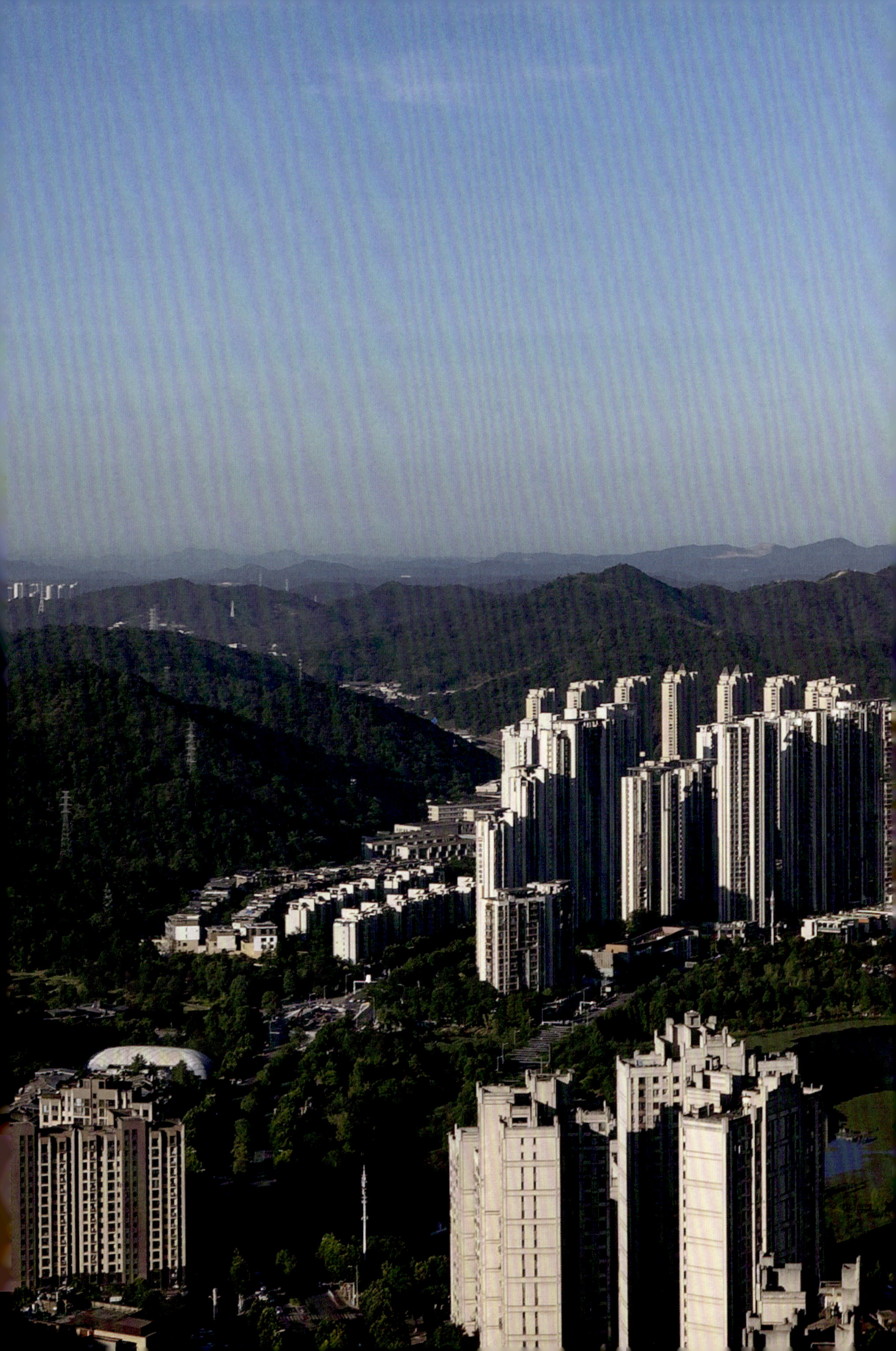

专题篇

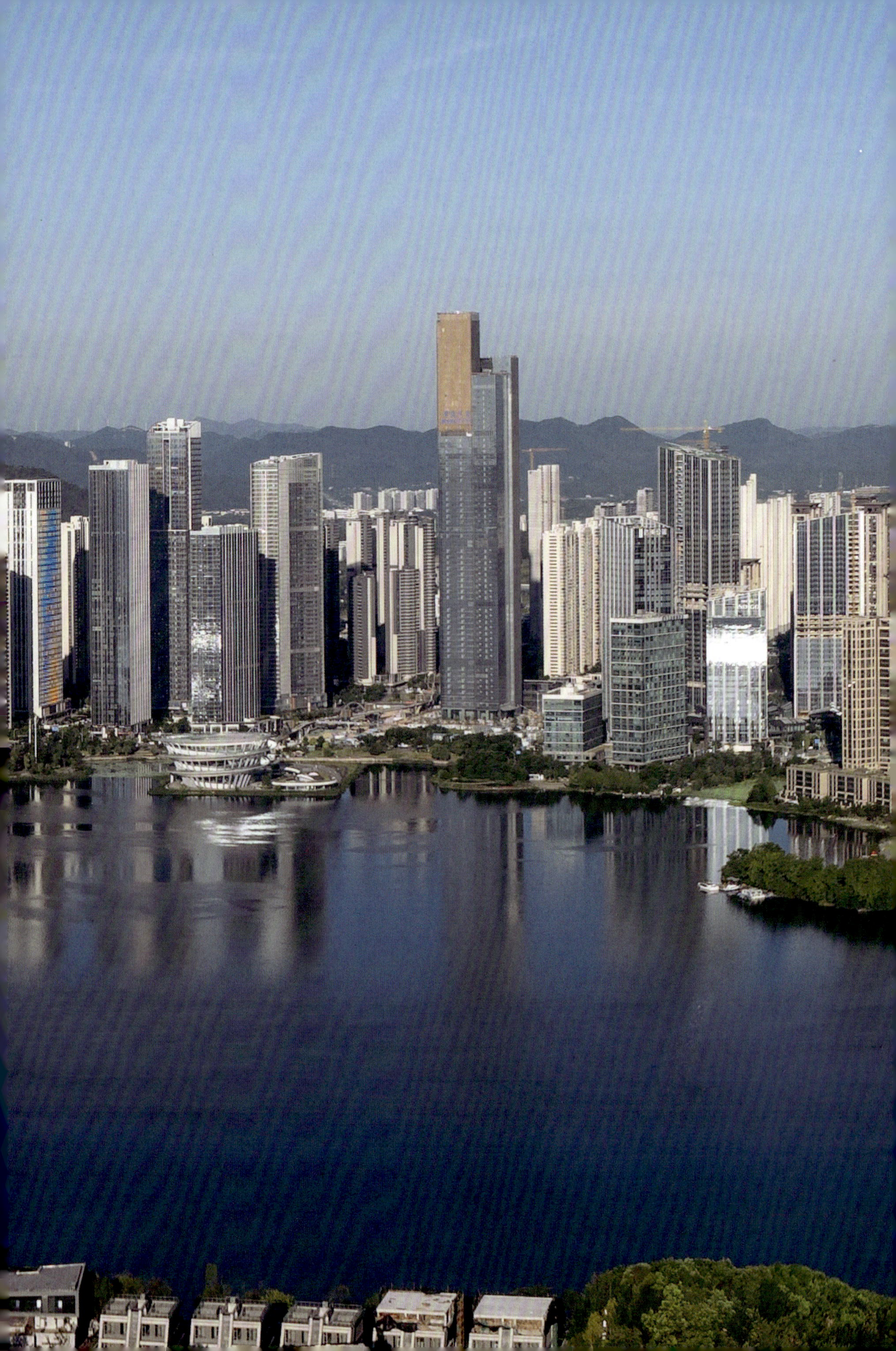

| 第18章 |

建筑航拍，使用鸟瞰视角：《星城魅力》

对于高大的建筑来说，用鸟瞰视角来拍摄，可以呈现出不同寻常的画面。无人机可以多视角地拍摄出气势恢宏的建筑，尤其是高楼大厦，航拍视角能展现其高耸和立体的特点。在实际拍摄过程中，可以用不同的视角来拍摄建筑照片和视频，画面会更有冲击力。本章将为大家介绍建筑航拍的技巧。

18.1 技巧1：了解航拍建筑高楼的炸机风险

无人机在中央商务区（central business district，CBD）建筑高楼间飞行，玻璃幕墙很容易影响无人机的接收信号，如图18-1所示。

图 18-1　CBD 高楼

无人机在室外飞行的时候是依靠GPS定位的，一旦信号不稳定，无人机在空中就会失控。特别是当无人机穿梭在楼宇间，飞手有时候是看不到无人机的，只能通过图传屏幕看到无人机前方的情况，上下左右都没法看到，这个时候如果无人机的左侧有玻璃幕墙，而飞手在不知道的情况下直接将无人机向左横移，那么无人机就会直接撞上玻璃幕墙，导致炸机。

所以，用户可以使用长焦镜头航拍建筑，保障飞行的安全距离，如图18-2所示。

图 18-2　使用长焦镜头航拍建筑

除此之外，也可以给无人机安装4G模块增强图传信号，保障飞行的稳定性。4G模块能够在原有图传技术的基础上，通过结合4G网络技术提供增强的图传功能。当传统图传信号不佳时，无人机可以自动切换到4G网络进行图像传输，从而保持稳定的图像传输连接，降低断开连接的风险。这对于需要远距离、高清晰度图像传输的无人机应用来说尤为重要。

无论身处何地，只要4G网络覆盖，无人机就能保持在线状态。

18.2 技巧 2：俯视环绕拍摄

俯视拍摄能够纳入更多的元素到画面中，在拍摄建筑的时候，可以让观众用不同的视角来欣赏建筑。俯视环绕拍摄能够展现出建筑的全方位和广阔背景，使观众在视觉上获得更加震撼和全面的体验，如图18-3所示。

图 18-3 俯视环绕拍摄

【打杆演示】下面介绍拍摄方法。

无人机处于建筑周围上空,俯拍建筑。

向右推动右侧的摇杆,让无人机向右飞行。

同时,向左推动左侧的摇杆,让无人机环绕飞行,拍摄建筑群,如图18-4所示。

图18-4 打杆演示

18.3 技巧3:俯视右飞拍摄

除了以建筑为主体,还可以以建筑为前景进行拍摄。当无人机处于建筑上方时,可以垂直90°朝下俯拍建筑,让画面更有压迫感,同时带给观众不一样的视角,如图18-5所示。

【打杆演示】下面介绍拍摄方法。

无人机飞到建筑上空,相机垂直90°朝下,以建筑为前景,拍摄周围的建筑群。

向右上方推动右侧的摇杆,让无人机右飞前进,如图18-6所示。

图18-5 俯视右飞拍摄

图 18-5　俯视右飞拍摄（续）

图 18-6　打杆演示

18.4 技巧 4：俯视旋转拍摄

当建筑上空有特殊的图案时，可以俯视拍摄，不仅能捕捉到平时难以发现的视角和细节，还能呈现出与众不同的画面效果。图 18-7 为使用俯视旋转运镜拍摄的滨江新城建筑。

【打杆演示】下面介绍拍摄方法。

无人机飞到建筑上空，向左拨动云台俯仰拨轮，垂直 90° 俯拍地面。

向右推动左侧的摇杆，让无人机旋转飞行，如图 18-8 所示。

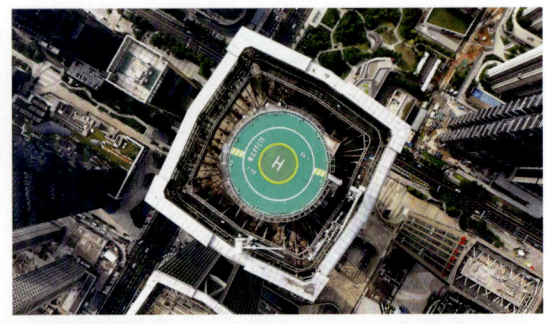

图 18-7　俯视旋转拍摄

图 18-8　打杆演示

18.5 技巧 5：长焦侧飞拍摄

大疆御 3 Pro 拥有 2 颗中、长焦镜头，这对于航拍而言是可以发挥更多创意的。由于长焦镜头的焦距较长，因此能够放大被摄物体的细节。这对于需要拍摄远处的建筑细节非常有用，如图 18-9 所示。

图 18-9　长焦侧飞拍摄

图 18-9　长焦侧飞拍摄（续）

【打杆演示】下面介绍拍摄方法。

无人机以近处的建筑为前景，开启长焦镜头，拍摄近处建筑的局部。

向左推动右侧的摇杆，让无人机向左飞行，展示远方的主体建筑，如图 18-10 所示。

图 18-10　打杆演示

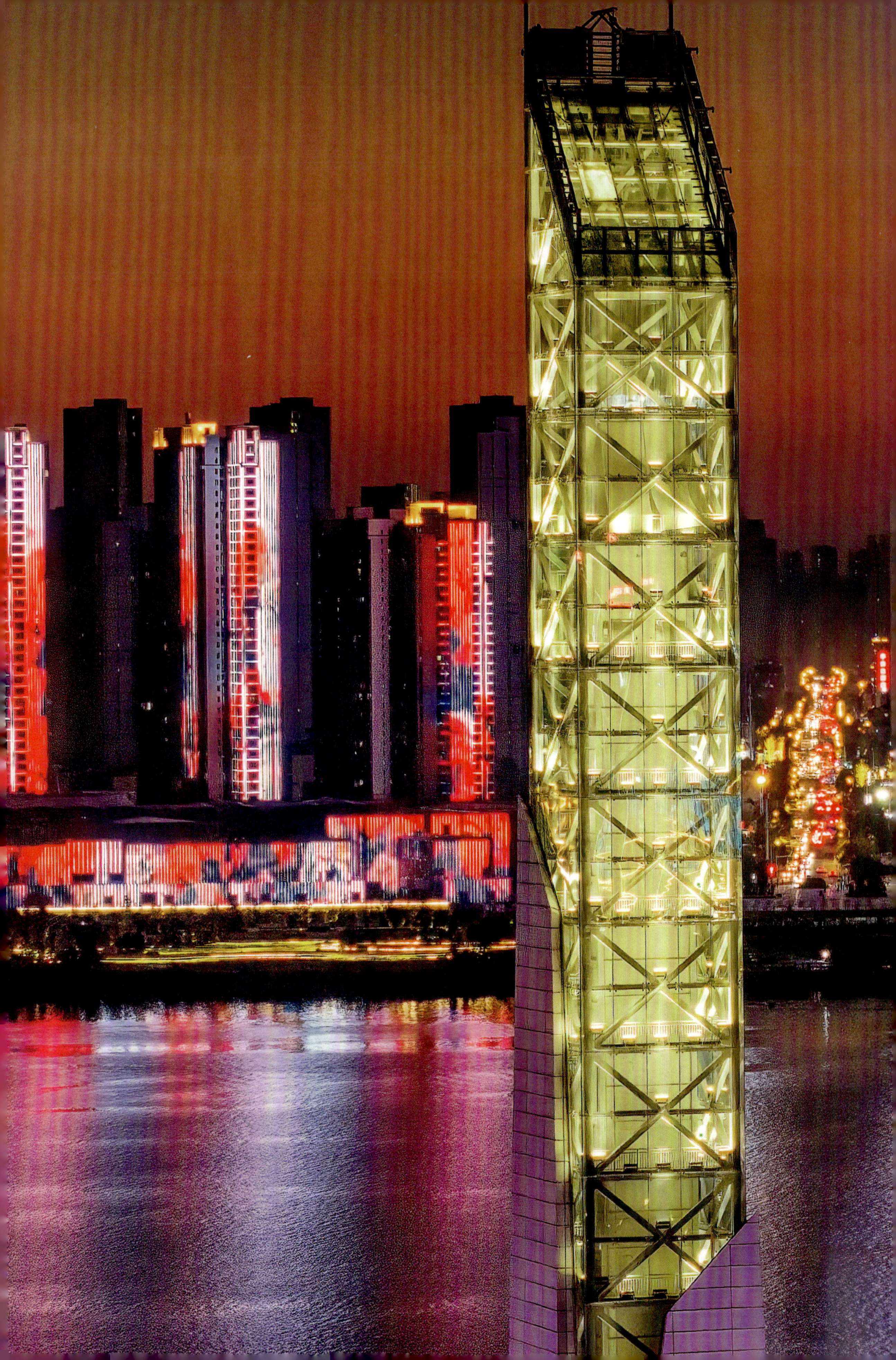

| 第19章 |

夜景航拍，航拍城市灯光：
《湘江两岸》

在夜晚航拍的时候，可以拍摄城市的灯光和道路中的车水马龙，展现万家灯火的璀璨时刻。不过，夜晚环境毕竟复杂，需要用户掌握一定的航拍技巧，这样才能拍出精彩的夜景大片。本章将为大家介绍夜景航拍的技巧，帮助大家掌握更多的航拍技能，从而创作出更惊艳的航拍作品。

19.1 技巧1：打开无人机的夜景模式

使用"夜景"模式拍摄夜景视频时，视频画质会很清晰，画面噪点也会变少，但是使用该功能避障会失效，所以，要注意飞行安全。下面介绍打开无人机的夜景模式的操作方法。

在 DJI Fly App 的相机界面中点击拍摄模式按钮，如图 19-1 所示。

图 19-1　点击拍摄模式按钮

弹出相应的面板，❶选择"录像"选项；❷选择"夜景"拍摄模式，如图 19-2 所示，开启夜景模式后，可以有效提高无人机在夜间暗光下的拍摄能力，提升视频效果。

图 19-2　选择"夜景"拍摄模式

19.2 技巧 2：拍摄江边的夜景建筑

江边的夜景建筑因其独特的地理位置和灯光设计，往往成为城市夜景中的亮点。这些建筑不仅展现了城市的美丽和繁华，也传承了城市的文化和历史。无论是漫步在江边欣赏夜景还是通过照片和视频感受其魅力，都能让人深刻体会到城市的独特韵味和文化底蕴。

图 19-3 为航拍湘江边上的城市建筑夜景，灯光秀非常美丽。

图 19-3 拍摄湘江边上的夜景建筑

【打杆演示】下面介绍拍摄方法。

无人机在湘江上空拍摄建筑，向上推动右侧的摇杆，让无人机前进飞行。

换个角度继续拍摄建筑，向上推动左侧的摇杆，上升飞行，如图 19-4 所示。

图 19-4　打杆演示

19.3 技巧 3：拍摄夜晚中的大桥

当夜幕降临，跨江大桥上的灯光逐渐亮起，如同一条璀璨的巨龙横跨在江面上，这些灯光不仅照亮了桥面，还通过桥身的反射，将光芒洒向波光粼粼的江面，形成美丽的倒影，如图 19-5 所示。

图 19-5　拍摄夜晚中的大桥

第 19 章 夜景航拍，航拍城市灯光：《湘江两岸》

【打杆演示】下面介绍拍摄方法。

无人机飞行到三汊矶大桥的斜侧面。

向右推动右侧的摇杆，让无人机向右飞行，拍摄大桥夜景灯光，如图 19-6 所示。

图 19-6 打杆演示

19.4 技巧 4：拍摄夜晚中的古建筑

许多古建筑在夜晚会点亮内部灯光，这些灯光可以突出建筑的结构特色和细节装饰。以古建筑中的人物为主体，会让画面更具美感，如图 19-7 所示。

【打杆演示】下面介绍拍摄方法。

无人机靠近古建筑，进行居中构图，航拍建筑中的人物。

向下推动右侧的摇杆，让无人机后退飞行，展现古建筑的夜景，如图 19-8 所示。

图 19-7 拍摄夜晚中的古建筑

图 19-7 拍摄夜晚中的古建筑（续）

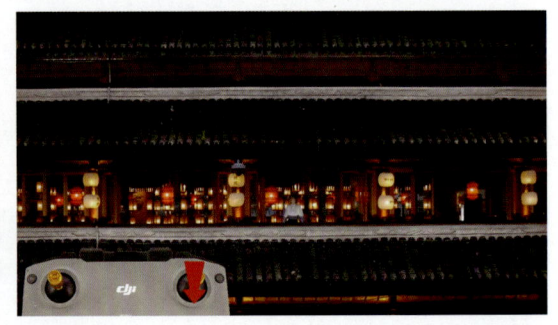

图 19-8 打杆演示

19.5 技巧 5：拍摄夜晚中的游轮

在湘江上，游轮在夜色中缓缓行驶，灯光璀璨，与周围的城市天际线或自然江景形成鲜明对比，为作品增添了无限魅力，如图 19-9 所示。

【打杆演示】下面介绍拍摄方法。

无人机飞到橘子洲大桥上空，俯拍桥下的游轮。

向右下方推动右侧的摇杆，让无人机向右侧飞行，并进行后退飞行。

同时，向左推动左侧的摇杆，让无人机环绕拍摄行进中的游轮，如图 19-10 所示。

第 19 章　夜景航拍，航拍城市灯光：《湘江两岸》

图 19-9　拍摄夜晚中的游轮

图 19-10　打杆演示

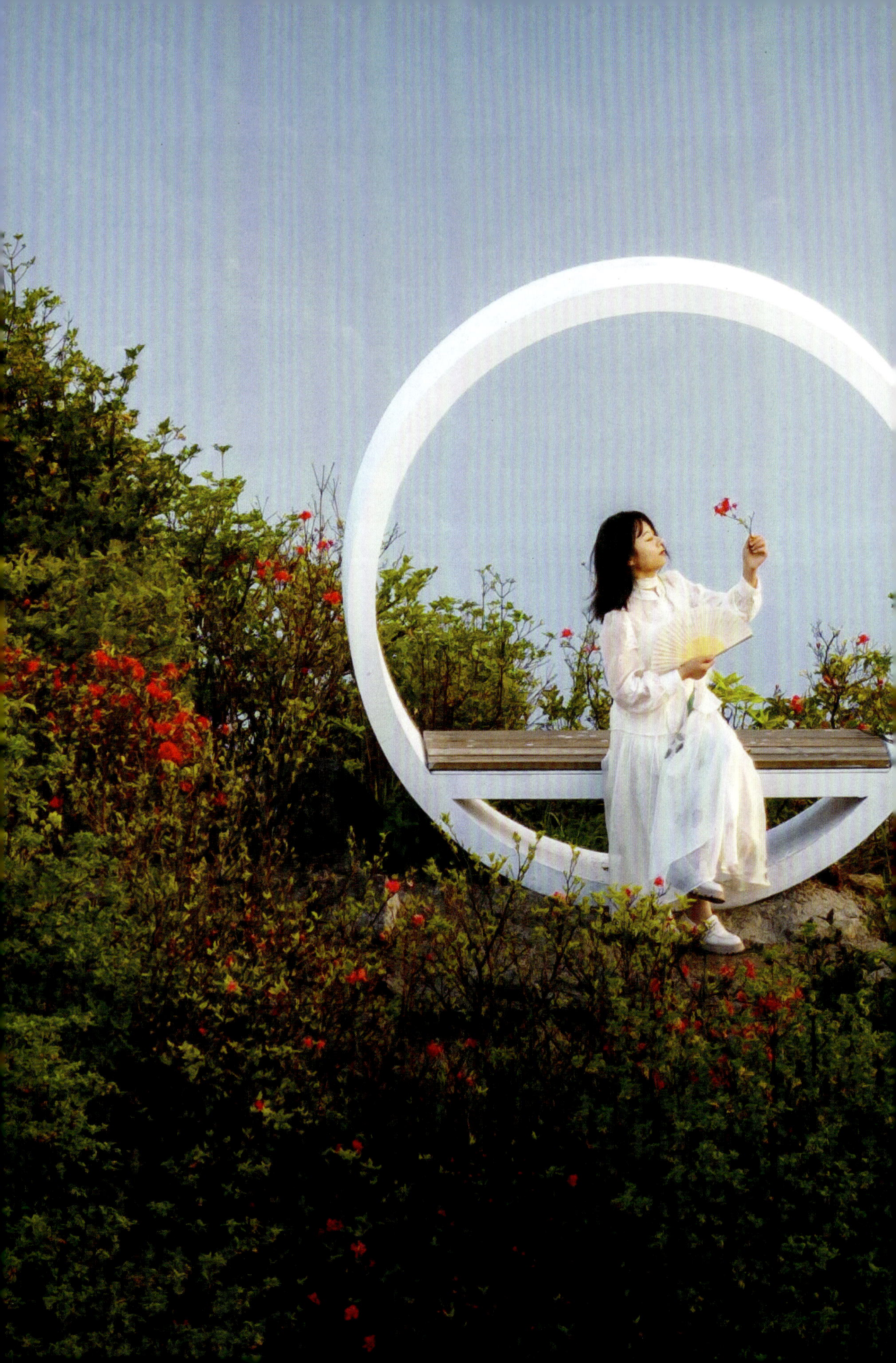

| 第20章 |

人像航拍，花海拍摄技巧：《围山杜鹃》

无人机不仅可以用来航拍风景，还可以用来航拍人像，从而呈现出更大的视野空间，拍摄出别样角度的人像照片和视频。在航拍人像的过程中，需要掌握一定的技巧，这样才能拍出精美的人像照片和视频。本章将为大家详细介绍人像航拍的技巧，帮助大家拍出精彩大片。

感谢本章人像模特依依的出镜帮助，依依本人也是一名非常优秀的航拍摄影师。

20.1 技巧1：长焦环绕拍摄

在航拍角度下，人物是很小的，使用长焦镜头拍摄，可以放大主体，也能压缩空间。当场景很乱时，可以使用长焦拍摄人物，简化背景。再搭配使用环绕镜头，可以增强画面的立体感和深度感，如图20-1所示。

图 20-1　长焦环绕拍摄

【打杆演示】下面介绍拍摄方法。

无人机处于杜鹃花海上方，使用长焦镜头拍摄，向右推动右侧的摇杆，向右飞行。

同时，向左推动左侧的摇杆，让无人机微微环绕，让画面更动感一些，如图20-2所示。

图 20-2　打杆演示

20.2 技巧 2：侧面跟随拍摄

侧面跟随镜头，也称为"平行跟随镜头"或"侧身跟随镜头"。从侧面拍摄可以清晰地展现人物的动作和姿态，还可以增加视觉的新鲜感，如图 20-3 所示。

图 20-3　侧面跟随拍摄

【打杆演示】下面介绍拍摄方法。

无人机飞升至一定的高度，以杜鹃花海为前景，在人物的侧面拍摄。

向右推动右侧的摇杆，让无人机跟随人物拍摄，如图20-4所示。

图20-4　打杆演示

20.3 技巧3：正面环绕跟拍

正面环绕跟拍，是指无人机在人物正面跟随换人拍摄。无人机侧飞的时候需要注意安全。正面环绕跟拍可以清晰地捕捉到人物的面部表情和情感变化，这种近距离的视角还可以增加观众与角色之间的亲密感和情感连接，如图20-5所示。

【打杆演示】下面介绍拍摄方法。

无人机在人物正面，向左推动右侧的摇杆，让无人机向左飞行。

同时，向右推动左侧的摇杆，让无人机微微环绕，跟拍人物，如图20-6所示。

图20-5　正面环绕跟拍

第 20 章　人像航拍，花海拍摄技巧：《围山杜鹃》

图 20-5　正面环绕跟拍（续）

图 20-6　打杆演示

20.4 技巧 4：背面环绕跟拍

背面环绕跟拍镜头，是指无人机从人物背后跟随拍摄。背面环绕跟拍镜头可以不展示拍摄对象的面部表情，从而增加神秘感和悬念，观众会对人物的身份或下一步行动产生好奇，如图 20-7 所示。

【打杆演示】下面介绍拍摄方法。

无人机处于人物的背面，向右上方推动右侧的摇杆，让无人机向右前进飞行。

同时，向左推动左侧的摇杆，让无人机进行环绕，并靠近拍摄人物，如图 20-8 所示。

图 20-7　背面环绕跟拍

图 20-8　打杆演示

20.5 技巧 5：顺时针环绕跟拍

　　在拍摄人物的时候，人物可以作为一个视觉焦点，无人机就可以尽量围绕人物环绕拍摄，多角度展现人物所处的花海背景，同时让画面更动感，如图20-9所示。

第 20 章 人像航拍，花海拍摄技巧：《围山杜鹃》

图 20-9 顺时针环绕跟拍

【打杆演示】下面介绍拍摄方法。

无人机飞到花海上空，进行对角线构图。

向左推动右侧的摇杆，让无人机向左飞行。

同时，向右推动左侧的摇杆，让无人机顺时针环绕，跟拍人物，如图 20-10 所示。

图 20-10 打杆演示

171

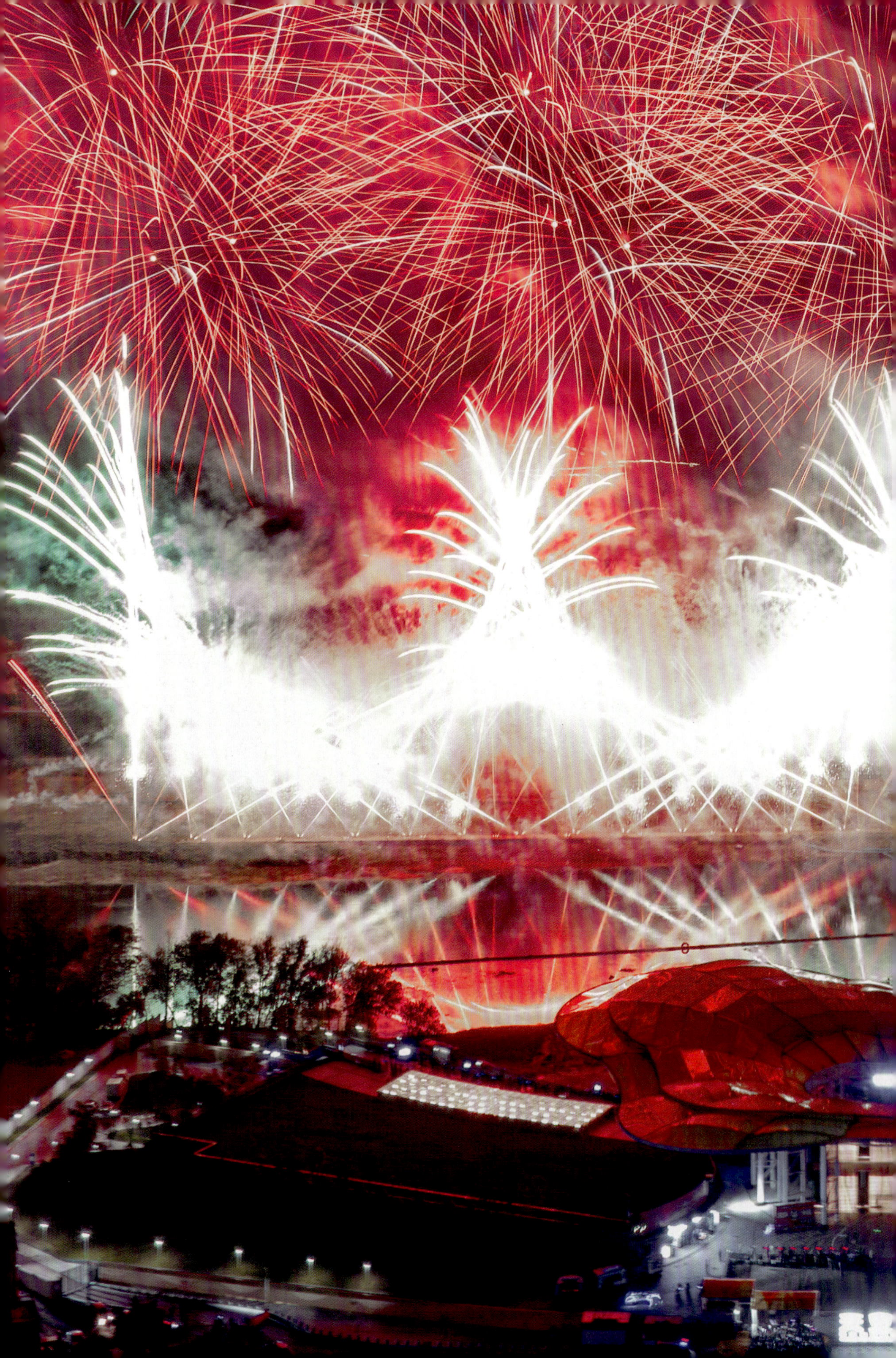

| 第21章 |

烟花航拍,捕捉绽放瞬间:《浏阳花火》

在拍摄烟花时,无人机相较于手机和相机而言有一定的优势,因为无人机可以突破地点和高度的限制,拍摄出更广和更全的烟花盛宴。如何用无人机航拍出烟花的绚烂和惊艳呢?本章将为大家介绍相应的拍摄技巧,帮助大家用无人机捕捉并记录下这些珍贵的瞬间。

21.1 技巧1：使用3倍长焦拍摄烟花

长焦镜头可以帮助你拉近远处的烟花，同时压缩背景，使画面更加紧凑和引人入胜。在相机界面中点击3按钮，即可使用3倍长焦拍摄烟花，如图21-1所示。

图 21-1 使用 3 倍长焦拍摄烟花

【打杆演示】下面介绍拍摄方法。

无人机飞行到一定的高度，开启3倍中长焦相机。

向右推动右侧的摇杆，让无人机向右飞行，拍摄烟花，如图21-2所示。

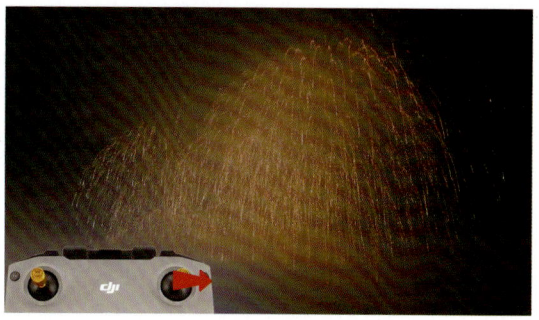

第 21 章　烟花航拍，捕捉绽放瞬间：《浏阳花火》

图 21-2　打杆演示

21.2 技巧 2：使用 7 倍长焦拍摄烟花

使用 7 倍长焦拍摄烟花，可以捕捉到烟花绽放的细节，并且能够创造出一种紧凑、充满张力的画面效果，如图 21-3 所示。

图 21-3　使用 7 倍长焦拍摄烟花

【打杆演示】下面介绍拍摄方法。

无人机飞行到一定的高度,开启7倍长焦相机。

向左推动左侧的摇杆,让无人机微微旋转飞行,拍摄烟花,如图21-4所示。

图 21-4 打杆演示

21.3 技巧3:借用前景拍摄烟花

借用前景拍摄烟花,可以为画面增添深度和兴趣点。选择一个与烟花形成良好对比的前景,比如建筑、桥梁、树木、雕塑或其他有趣的结构,将烟花与前景有机地结合在一起,使画面更加和谐、美观,如图21-5所示。

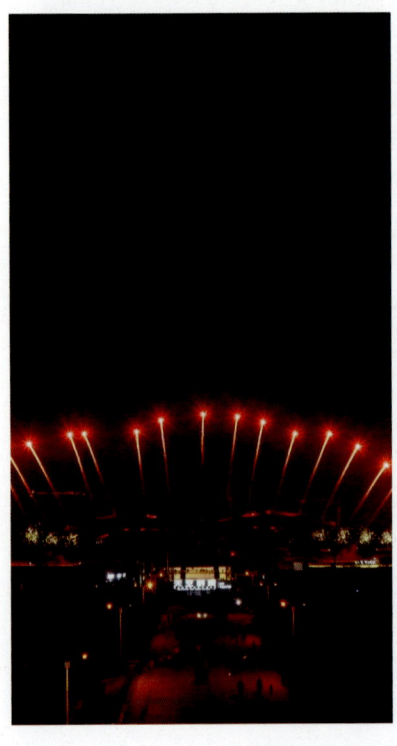

图 21-5 借用前景拍摄烟花

第 21 章　烟花航拍，捕捉绽放瞬间:《浏阳花火》

本次是使用固定镜头拍摄，不涉及打杆操作，用户只需要构图拍摄即可。

在构图时，最好将前景放置在画面的适当位置，以创造出平衡和引导观众视线的效果。可以尝试使用三分法或其他构图原则来安排画面，前景应该与烟花形成视觉上的平衡，并增强画面的层次感。

21.4　技巧 4：使用环绕运镜拍摄烟花

使用环绕运镜拍摄烟花，可以创造出既动态又富有视觉冲击力的视频。这种拍摄方式不仅展示了烟花绽放的美丽瞬间，还通过无人机的移动为画面增添了深度和动感，如图 21-6 所示。

图 21-6　使用环绕运镜拍摄烟花

【打杆演示】下面介绍拍摄方法。

无人机处于浏阳天空剧院周围的上空，从侧面拍摄烟花。

向右推动右侧的摇杆，让无人机向右飞行。

同时，向左推动左侧的摇杆，让无人机进行环绕，拍摄烟花的全景，如图21-7所示。

图21-7　打杆演示

21.5 技巧5：使用后退运镜拍摄烟花

在后退拍摄的时候需要找寻一定的前景，让画面具有变化感，如图21-8所示。在开始拍摄前，最好规划好后退路径，确保路径平坦且没有障碍物，保障飞行的安全。

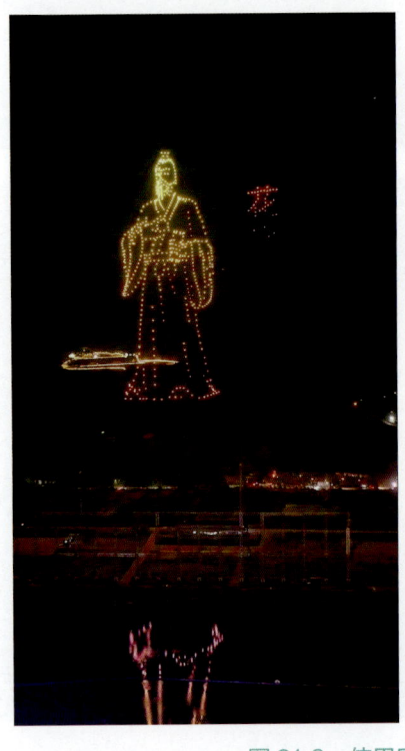

图21-8　使用后退运镜拍摄烟花

【打杆演示】下面介绍拍摄方法。

无人机飞到天空剧院的后面,拍摄烟花。

向下推动右侧的摇杆,让无人机后退飞行,飞到天空剧院的前面,如图21-9所示。

图 21-9　打杆演示

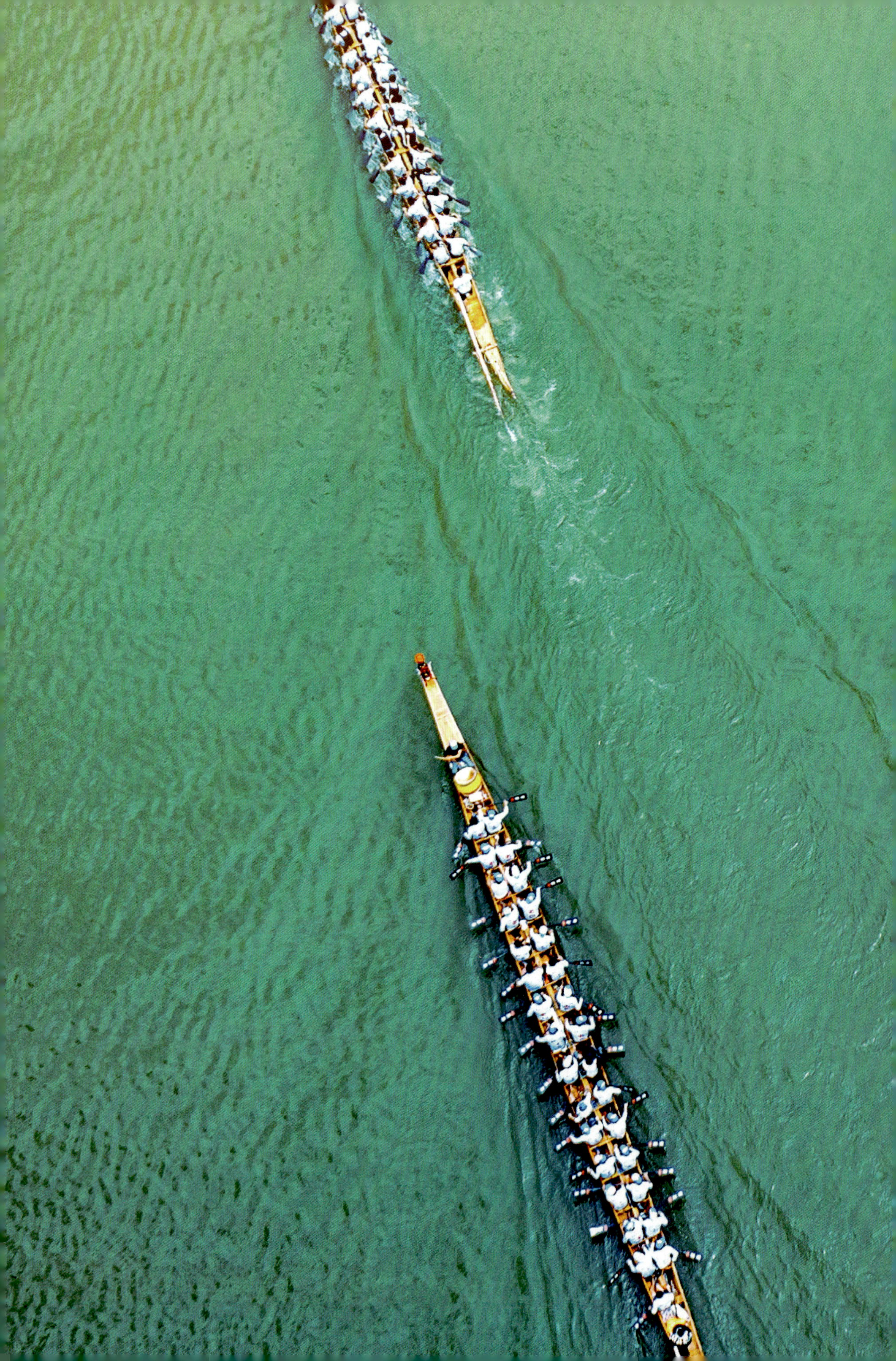

| 第22章 |

赛事航拍，跟拍运动中的物体:《浏阳河龙舟》

赛事航拍是指使用无人机对比赛场地进行拍摄，特别是在体育赛事中，无人机可以提供独特的视角，捕捉到运动员的动作和比赛的激烈场面。在端午节前后，一般有划龙舟比赛，这时可以使用无人机进行跟拍，展现比赛的激烈性和精彩瞬间，这也是普通相机和手机拍摄不到的视角。本章将为大家介绍赛事航拍的技巧。

22.1 技巧1：做好飞行报备

一般而言，在一些大型赛事中是禁飞的，用户需要做好飞行报备，才能取得飞行无人机的资格。做好飞行报备是一个涉及多个步骤和相关部门的过程，具体流程可能因地区和政策的不同而有所差异。下面是一个一般性的指导流程，以及针对部分地区和平台的特殊说明。

① 了解当地法规和政策：首先，需要了解所在地区关于无人机飞行的相关法律法规和政策要求，包括禁飞区、限飞区、飞行高度和速度限制等。

② 准备所需材料：飞行计划申请书或空域申请书，内容通常包括飞行时间、地点、高度、范围、任务性质等。

③ 无人机及飞手的资质证明，如无人机产品合格证、飞手资格证书等。单位或个人的身份证明，如身份证、营业执照等。

④ 选择申报途径：根据当地政策，选择合适的申报途径。可能包括向民航管理部门、空军航管部门、公安局等提交申请。

⑤ 提交申请并等待审批：将准备好的材料提交给相关部门，并按照要求填写相关表格和提交申请。等待审批结果，期间可能需要与审批部门进行沟通或补充材料。

⑥ 获得批准并执行飞行：一旦获得批准，即可按照批准的飞行计划执行航拍任务。在飞行过程中，需要严格遵守相关法规和政策要求，确保飞行安全。

不同地区的申报流程可能有所不同。一般来说，可以通过当地民航管理部门或公安局的官方网站了解具体流程和所需材料。在一些地区，可能需要通过微信小程序等在线平台进行无人机登记和飞行申报。

无论在哪个地区进行航拍飞行，都需要严格遵守当地的法律法规和政策要求。在飞行前进行充分的检查和准备，确保无人机和飞手的资质符合要求，同时了解并避开禁飞区和限飞区。在进行航拍时，需要注意保护他人的隐私权和肖像权，避免侵犯他人的合法权益。

最好在飞行前及时完成报备手续，并按照批准的飞行计划执行航拍任务。如有变更或需要延期等情况，应及时向审批部门报告并申请变更。

22.2 技巧2：提前踩点、了解赛程

提前踩点和了解赛程对于航拍来说至关重要，这有助于确保赛事拍摄顺利进行，捕捉到最佳画面。下面是进行航拍前踩点和了解赛程的步骤。

① 研究地图和场地：通过卫星地图或地形图了解拍摄地点的地形、地貌。如果可能，亲自访问拍摄地点，了解实地情况。

② 确定拍摄位置：选择视野开阔的地点，以便捕捉到更宽广的画面。确保拍摄位置与运动区域保持安全距离，避免干扰比赛和观众。规划无人机的飞行路径，考虑起飞点和降落点。

③ 观察环境因素：了解当地的风向和风速，这对无人机的稳定飞行至关重要。观察不同时间段的光线变化，选择最佳拍摄时间。注意场地周围的障碍物，如建筑物、电线、树木等。

④ 网络和信号：检查拍摄地点的GPS信号强度，确保无人机能够稳定连接。如果周围环境比较复杂，也需要检查图传信号是否畅通无阻。

⑤ 做好安全评估：制定紧急预案，包括无人机失控、信号丢失等情况的处理方法。确定安全区域，以便在紧急情况下安全降落无人机。

⑥ 获取赛事信息：了解赛事的具体日期、时间和赛程安排。熟悉比赛规则，以便预测比赛的关键时刻和精彩环节。

⑦ 联系赛事组织者：联系赛事组织者可获取官方信息，包括赛事流程、特殊规则等。在拍摄前，可以询问是否需要特殊的拍摄许可，以及如何获取。

⑧ 观看以往赛事：观看以往赛事的视频，了解比赛的节奏和可能的精彩瞬间。向有经验的摄影师请教，了解他们拍摄此类赛事的经验和技巧。

⑨ 制订拍摄计划：根据赛程制订拍摄计划，标出比赛的关键环节和时间点。根据比赛的特点选择合适的焦段和拍摄角度。

通过以上步骤，可以确保在赛事航拍前做好充分的踩点和赛程了解，为成功拍摄赛事做好准备。

22.3 技巧3：前飞上抬镜头开场

前飞上抬镜头是一种在视频或电影制作中常用的开场手法，可以用来揭示赛事举办的地点，介绍环境，迅速吸引观众的注意力，使观众感受到场景的宏大与壮观，如图22-1所示。

【打杆演示】下面介绍拍摄方法。

无人机飞到浏阳河上空，向左拨动云台俯仰拨轮，俯拍水面。

图22-1 前飞上抬镜头

图 22-1 前飞上抬镜头（续）

向上推动右侧的摇杆，让无人机前进飞行。

同时，向右拨动云台俯仰拨轮，上抬镜头，拍摄浏阳河上的龙舟，如图22-2所示。

图 22-2 打杆演示

22.4 技巧 4：对冲拍摄龙舟

对冲拍摄指的是在无人机正面直接对准被摄对象。在赛事航拍中，这种拍摄手法可以捕捉运动员之间的对抗或竞争瞬间，展现运动的激烈和紧张感，如图22-3所示。

【打杆演示】下面介绍拍摄方法。

让无人机处于龙舟的前面，并开启运动挡。

向上推动右侧的摇杆，让无人机加快速度向前飞行，进行对冲，如图22-4所示。

第 22 章 赛事航拍，跟拍运动中的物体：《浏阳河龙舟》

图 22-3 对冲拍摄龙舟

图 22-4 打杆演示

22.5 技巧 5：俯视跟拍龙舟

俯视跟拍是一种利用无人机从空中向下拍摄移动对象的技巧，常用于体育赛事、户外活动、车辆追踪等场景。这样的拍摄方式可以让画面更简洁，如图 22-5 所示。

图 22-5 俯视跟拍龙舟

【打杆演示】下面介绍拍摄方法。

让无人机飞到浏阳河上空,向左拨动云台俯仰拨轮,俯拍水面。

向右推动右侧的摇杆,让无人机向右飞行跟拍龙舟,如图22-6所示。

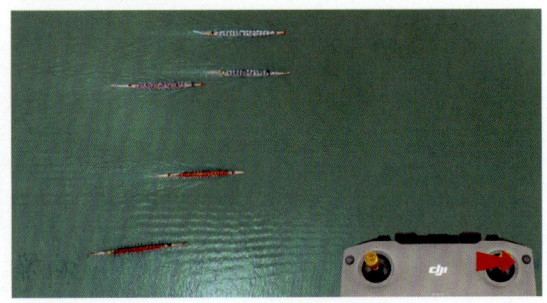

图 22-6 打杆演示

第 22 章　赛事航拍，跟拍运动中的物体：《浏阳河龙舟》

22.6 技巧 6：侧面跟拍龙舟

侧面跟拍能够捕捉到龙舟队伍在前进过程中的动态美，以及桨手们齐心协力划桨的壮观场景，如图 22-7 所示。

图 22-7　侧面跟拍龙舟

【打杆演示】下面介绍拍摄方法。
让无人机飞到浏阳河上空，从龙舟侧面低角度拍摄。
向左推动右侧的摇杆，让无人机向左飞行跟拍龙舟，如图 22-8 所示。

图 22-8 打杆演示

> **温馨提示**
> 可以使用长焦镜头拍摄侧飞镜头，让画面在景别上产生一定的变化，增加层次感。

22.7 技巧 7：背面跟拍龙舟

在桨手们划龙舟的时候，可以在背面跟拍龙舟，补充角度，让视频画面更加多样化，如图 22-9 所示。

【打杆演示】下面介绍拍摄方法。

让无人机飞到浏阳河上空，拍摄龙舟队伍。

向上推动右侧的摇杆，让无人机从龙舟背面跟拍，如图 22-10 所示。

图 22-9 背面跟拍龙舟

图 22-9 背面跟拍龙舟（续）

图 22-10 打杆演示

22.8 技巧 8：后退镜头宣告结束

后退镜头，也称为拉远镜头或撤退镜头。在视频快要结束的时候，让画面中的主体渐渐远离，将观众带离场景，如图 22-11 所示。

【打杆演示】下面介绍拍摄方法。

让无人机飞到浏阳河上空，拍摄龙舟队伍。

向下推动右侧的摇杆，让无人机后退飞行，远离龙舟队伍，如图 22-12 所示。

图 22-11　后退镜头

图 22-12　打杆演示

| 第 23 章 |

宣传片航拍，云海田园：
《藠果之乡》

本章介绍《藠果之乡》宣传片的航拍技巧，拍摄地点在津市白衣镇，主要介绍这里的田园风光和藠果特产。对于宣传片而言，画面精美很重要，无人机航拍视角拍摄到的画面可以介绍产地，展示场景的规模和特色，把大环境交代清楚，让观众感受到产品产地的自然之美，并增强宣传片的感染力。

23.1 技巧1：航拍田园的注意事项

为了保障出片质量，在田园中航拍也需要掌握以下注意事项，下面进行详细的介绍。

① 在航拍前，先了解田园的地理特点，包括农田布局、水系分布、村庄位置等，以便规划航拍路线和拍摄点。

② 阳光明媚、无风或微风的天气是航拍的最佳时机。避免在恶劣天气中（如大风、雨雪等）飞行，以免影响拍摄效果和飞行安全。如果田园中刚好出现云海景象，如图23-1所示，这时候航拍到的画面会更加令人惊艳。

图23-1 田园中的云海景象

③ 根据田园的特点和甲方拍摄需求，规划合理的飞行路径。可以选择环线或直线等不同的路径，以覆盖更多的拍摄点。

④ 选择合适的拍摄角度和高度来呈现田园的不同特征。例如，俯拍可以展现田园的广阔与壮美，而低空飞行则可以捕捉田园的细腻与生动。

⑤ 利用自然光线的变化来增强拍摄效果。早晨和傍晚的光线柔和且色彩丰富，是拍摄田园风光的最佳时段。同时，注意色彩搭配和构图技巧，使画面更加和谐美观。

⑥ 在飞行过程中，要避免干扰其他航空器和地面设施。远离人群、车辆、高压线和禁飞区域，确保飞行安全。

通过以上注意事项，确保在安全和合法的前提下，捕捉拍摄到美丽的田园风光。

23.2 技巧2：拍摄田园中的河流

澧水是湖南省的一条重要河流，全长约400公里。可以从空中捕捉到澧水流域的全景，展现其独特的自然风光和人文魅力。

由于河流本身就是一条优美的曲线，可以利用这条曲线进行构图，让画面变得更有曲线美，如图23-2所示。

图 23-2　拍摄田园中的河流

【打杆演示】下面介绍拍摄方法。

让无人机飞到澧水的上方，从河流的上游进行航拍，拍摄中下游，并进行三分线和曲线构图。

向上推动左侧的摇杆，让无人机上升飞行。

同时，向左推动右侧的摇杆，让无人机边上升边左飞，拍摄河流，如图23-3所示。

图 23-3　打杆演示

23.3 技巧 3：拍摄田园中的梯田

留意梯田中的色彩变化，如绿色的稻田等，这些色彩能增强画面的吸引力。雨后初晴的梯田往往更加清新亮丽，云雾缭绕的梯田可以营造出神秘而梦幻的氛围，如图 23-4 所示。

图 23-4　拍摄田园中的梯田

【打杆演示】下面介绍拍摄方法。

让无人机飞行到梯田的上方,向左拨动云台俯仰拨轮,使其垂直90°朝向地面俯拍。

向上推动右侧的摇杆,让无人机前进飞行,拍摄梯田,如图23-5所示。

图 23-5　打杆演示

23.4 技巧 4：拍摄田园中的茶园

茶园中的茶树排列形成的线条和形状可以作为构图元素。用户可以从不同的角度和高度进行拍摄,让画面变得更丰富,如图23-6所示。

【打杆演示】下面介绍拍摄方法。

无人机处于茶园上空,向上推动右侧的摇杆,让无人机前进飞行。

同时,向上推动左侧的摇杆,让无人机上升前进,拍摄茶园,如图23-7所示。

图 23-6　拍摄田园中的茶园

图 23-6 拍摄田园中的茶园（续）

图 23-7 打杆演示

23.5 技巧 5：拍摄田园中的村庄

村庄的色彩往往丰富而自然，绿色的田野、黄色的麦田、红色的屋顶等都是很好的拍摄对象。利用村庄的建筑物、道路、桥梁、田野、树木等自然和人文元素进行构图，可以创造出有层次感、有故事的画面，如图 23-8 所示。

【打杆演示】下面介绍拍摄方法。

让无人机处于村庄侧面，开启 3 倍中长焦相机。

向右推动右侧的摇杆，让无人机向右飞行，拍摄田园中的村庄，如图 23-9 所示。

第 23 章 宣传片航拍，云海田园：《蕌果之乡》

图 23-8 拍摄田园中的村庄（续）

图 23-9 打杆演示

197

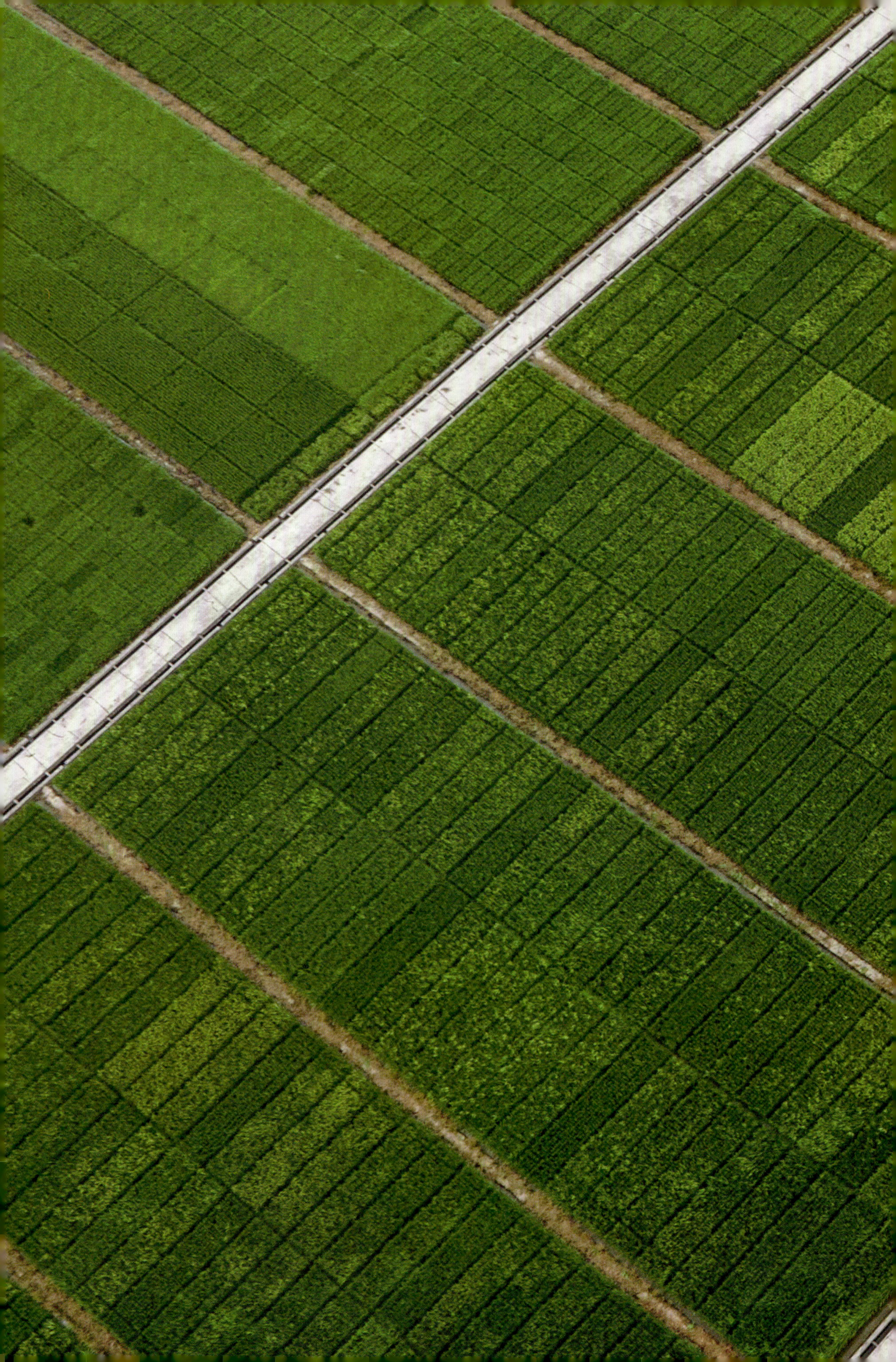

后期篇

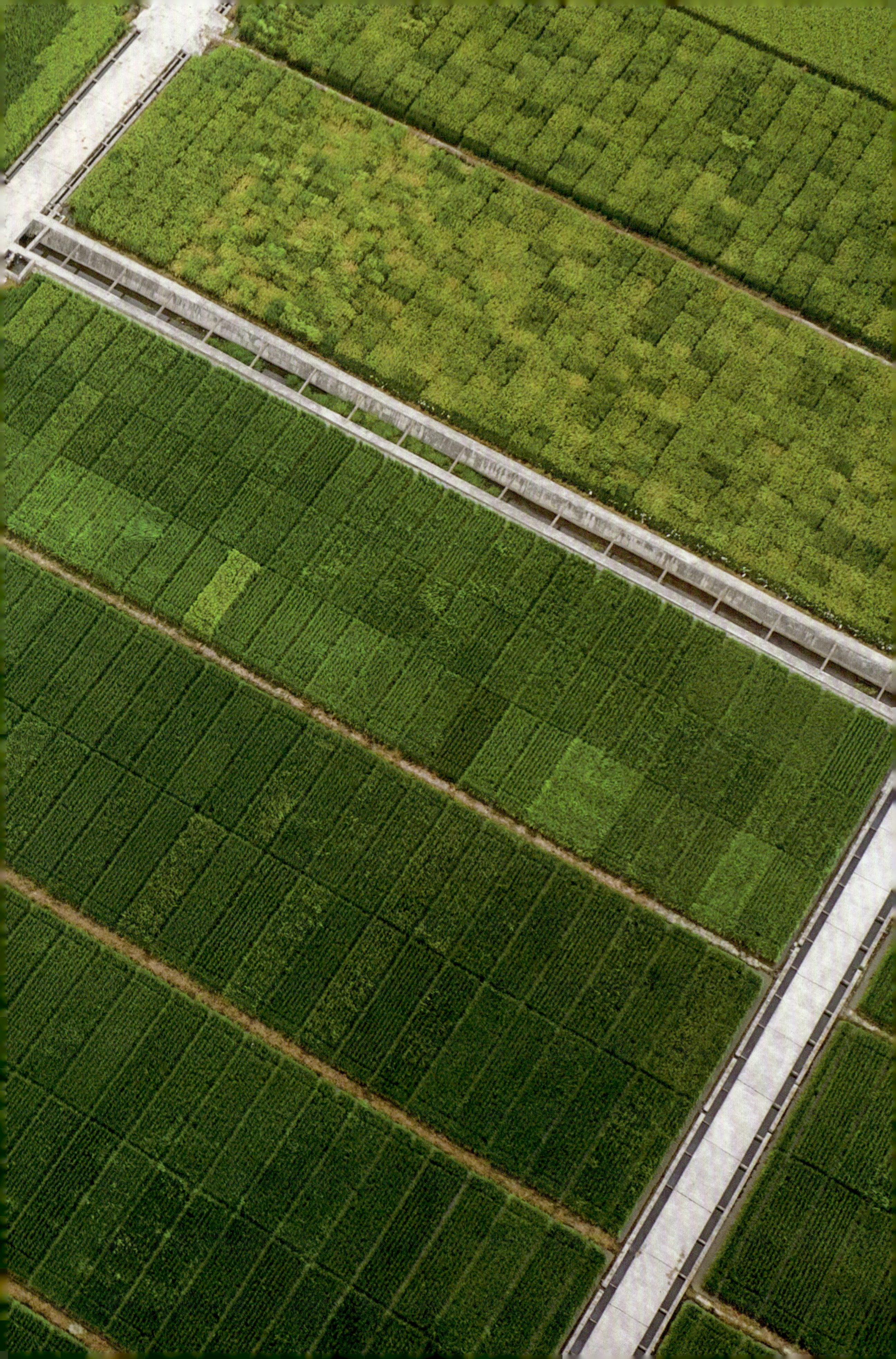

| 第 24 章 |

使用醒图调整航拍照片：
《限时落日》

醒图App是一款功能强大的后期修图App，无论是编辑照片，还是调色都十分方便。其中不仅有各种各样的滤镜，还可以添加文字和贴纸，为航拍照片的调色和美化增加更多的奇趣体验。本章主要介绍如何在醒图App中对航拍照片进行调整，让无人机航拍的照片更加惊艳。

24.1 技巧1：调整照片的比例

【效果对比】醒图中的构图功能可以对图片进行裁剪、旋转和矫正处理。下面为大家介绍如何对航拍照片进行构图处理，并改变画面的比例。比如，将横屏画面变成竖屏画面，并去除多余的背景，让图片变得更简洁，原图与效果对比如图24-1所示。

图24-1 原图与效果对比

调整照片的比例的操作方法如下。

打开手机应用商店App，❶在搜索栏中输入并搜索"醒图"；❷在搜索结果中点击醒图右侧的"安装"按钮，如图24-2所示，下载醒图App。

下载并安装醒图App成功之后，继续点击"打开"按钮，如图24-3所示。

进入醒图App的"修图"界面，点击"导入图片"按钮，如图24-4所示。

> **温馨提示**
>
> 　　本处介绍的是安卓手机的下载方法，苹果手机可以在App Store中搜索"醒图"并获取该App。目前，醒图只有手机版，没有电脑版。醒图App中的部分功能需要开通会员才能使用，有需要的用户可以选择开通会员。

第 24 章 使用醒图调整航拍照片：《限时落日》

图 24-2 点击"安装"按钮　　图 24-3 点击"打开"按钮　　图 24-4 点击"导入图片"按钮

在"全部照片"选项卡中选择一张照片，如图 24-5 所示。

进入醒图编辑界面，切换至"调节"选项卡，如图 24-6 所示。

图 24-5 选择一张照片　　图 24-6 切换至"调节"选项卡

选择"构图"选项，如图 24-7 所示。

❶选择 9 ∶ 16 选项，更改比例样式；❷调整图片的位置，确定构图之后；❸点击 ✓ 按钮，

203

如图24-8所示，预览效果，裁剪掉不需要的画面，照片最终变成竖屏样式。

图24-7　选择"构图"选项

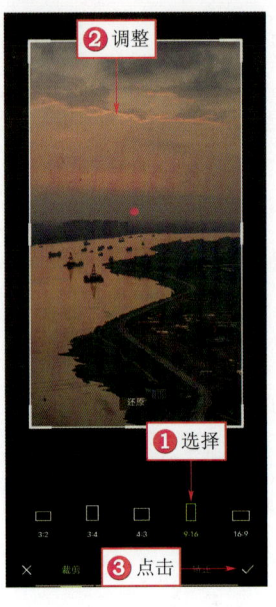

图24-8　点击相应按钮

24.2 技巧2：去除照片中的瑕疵

【效果对比】消除笔可以去除画面中不需要的部分，也就是去除瑕疵，运用画笔涂抹的方式操作，步骤十分简单。下面介绍如何用消除笔去掉画面中右侧的工程设施和江边的小船，部分原图与效果对比如图24-9所示。

图24-9　部分原图与效果对比

去除照片中瑕疵的操作方法如下。

在上一步的基础上，❶切换至"人像"选项卡；❷选择"消除"选项，如图24-10所示。

第 24 章　使用醒图调整航拍照片:《限时落日》

拖动滑块,设置"画笔大小"参数为 18,如图 24-11 所示。

图 24-10　选择"消除"
选项

图 24-11　设置"画笔大
小"参数

双指捏合画面,放大图片,涂抹画面中右侧的工程设施,如图 24-12 所示,稍等片刻,即可去除。

继续涂抹左下角的小船,如图 24-13 所示,去除瑕疵,如果去除得不成功,可以点击撤回按钮，撤回操作,然后再次涂抹画面。

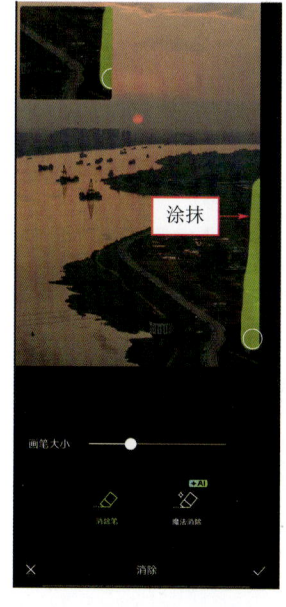

图 24-12　涂抹画面中
右侧的工程设施

图 24-13　涂抹左下角
的小船

24.3 技巧3：调整照片的曝光

【效果对比】在逆光航拍的时候，由于背光的原因，画面可能会很暗，这时可以调整曝光，提亮画面，原图与效果对比如图24-14所示。

图 24-14　原图与效果对比

调整照片曝光的操作方法如下。

在上一步的基础上，❶切换至"调节"选项卡；❷选择"智能优化"选项，优化画面；❸选择"光感"选项；❹设置参数为23，提亮画面的亮度，如图24-15所示。

❶选择"曝光"选项；❷设置参数为6，继续微微增加曝光，如图24-16所示。

图 24-15　设置参数为23　　图 24-16　设置参数为6

❶选择"对比度"选项；❷设置参数为22，增加画面的明暗对比度，让画面更清晰一些，如图24-17所示。

❶选择"阴影"选项；❷设置参数为11，增强暗部区域的亮度，优化画面，如图24-18所示。

图 24-17　设置参数为 22　　　　图 24-18　设置参数为 11

24.4 技巧 4：调整照片的色彩

【效果对比】为了让夕阳天空和景物的色彩更加有吸引力，可以为照片添加滤镜调色，并在"调节"选项卡中继续调整照片的色彩，原图与效果对比如图24-19所示。

图 24-19　原图与效果对比

调整照片色彩的操作方法如下。

在上一步的基础上，❶切换至"滤镜"选项卡；❷在"电影"选项卡中选择"青橙"滤镜，为照片进行调色，如图24-20所示。

❶切换至"调节"选项卡；❷选择HSL选项，如图24-21所示。

图24-20 选择"青橙"滤镜

图24-21 选择HSL选项

❶选择红色选项◯；❷设置"色相"参数为24、"饱和度"参数为29，调整画面中的红色，让夕阳天空偏橙红，如图24-22所示。

❶选择橙色选项◯；❷设置"色相"参数为-30、"饱和度"参数为27，继续调整天空的颜色，如图24-23所示。

图24-22 设置相应参数（1）

图24-23 设置相应参数（2）

24.5 技巧 5：为照片添加贴纸和文字

【效果对比】醒图 App 里的文字和贴纸样式非常丰富，用户可以通过搜索关键词添加贴纸，还可以为照片添加水印。添加文字和贴纸可以点明主题并增加趣味性，原图与效果对比如图 24-24 所示。

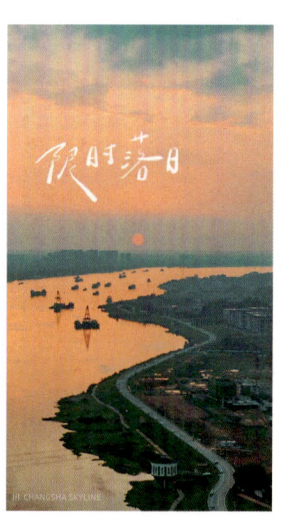

图 24-24　原图与效果对比

为照片添加贴纸和文字的操作方法如下。

在上一步的基础上，切换至"贴纸"选项卡，如图 24-25 所示。

❶在搜索栏中输入并搜索"夕阳"；❷在搜索结果中选择贴纸；❸调整贴纸的大小和位置，如图 24-26 所示。

图 24-25　切换至"贴纸"选项卡

图 24-26　调整贴纸的大小和位置

在主界面中切换至"文字"选项卡，如图24-27所示。

弹出相应的面板，❶输入文字内容；❷在"字体"|"基础"选项卡中选择合适的字体；❸调整文字的大小和位置，如图24-28所示。

图 24-27　切换至"文字"选项卡

图 24-28　调整文字的大小和位置

❶切换至"样式"选项卡；❷设置"透明度"参数为40，让文字变得不那么显眼；❸点击✓按钮，如图24-29所示。

点击右上角的下载按钮⬇，如图24-30所示，保存照片至相册中。

图 24-29　点击相应按钮

图 24-30　点击下载按钮

| 第 25 章 |

标题文字与封面制作：
《洋湖春光》

　　Procreate 是一款广受欢迎的绘图和制作动画效果的软件，尤其在移动设备和 iPad 平台上备受赞誉。如果想要制作手写字标题文字和封面，就可以在 Procreate 上绘制，导出文件，然后在剪映等后期软件中把手写字文件、视频或图片合成在一起，从而完成片头封面的制作。本章将为大家介绍标题文字与封面制作的方法。

25.1 技巧1：下载 Procreate 和导入笔刷

【效果展示】在进行本章的操作之前，首先我们来欣赏一些手写字和封面标题，如图25-1所示。

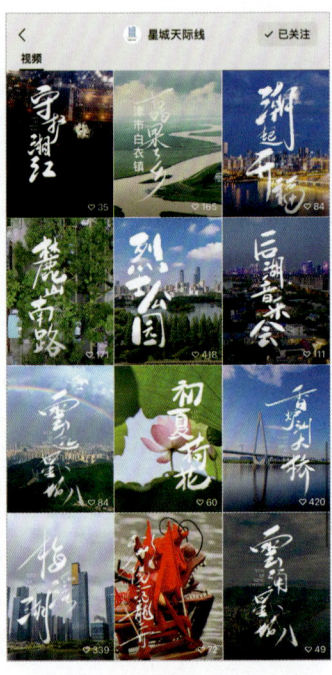

图 25-1　效果展示

第 25 章　标题文字与封面制作：《洋湖春光》

　　Procreate是专为iOS设备（如iPad和iPhone）设计的绘画软件，用户可以在App Store中直接搜索并下载。Procreate支持用户自定义和安装笔刷，在iPad上，用户可以通过多种方式导入笔刷文件，如使用QQ、百度网盘等应用。下面介绍下载Procreate和导入笔刷的操作方法。

　　在iPad上点击App Store图标，如图25-2所示，打开应用商店。

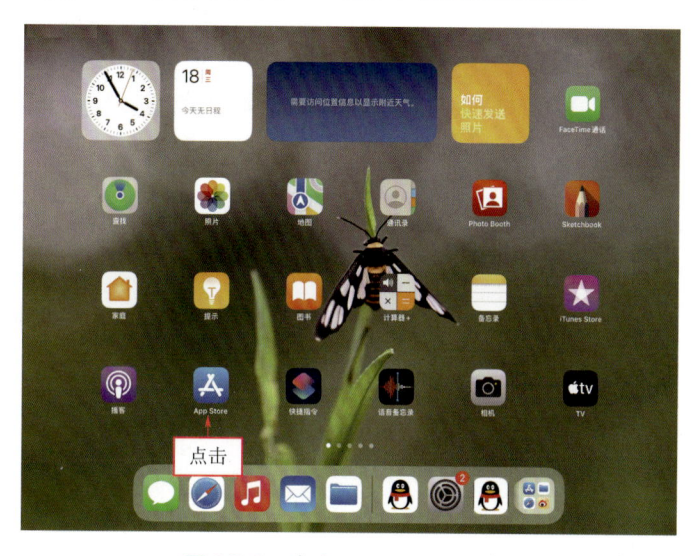

图 25-2　点击 App Store 图标

　　进入相应的界面，❶切换至"搜索"选项卡；❷在搜索栏中输入并搜索Procreate；❸在搜索结果中点击Procreate右侧的￥88.00按钮，如图25-3所示，进行付费下载。

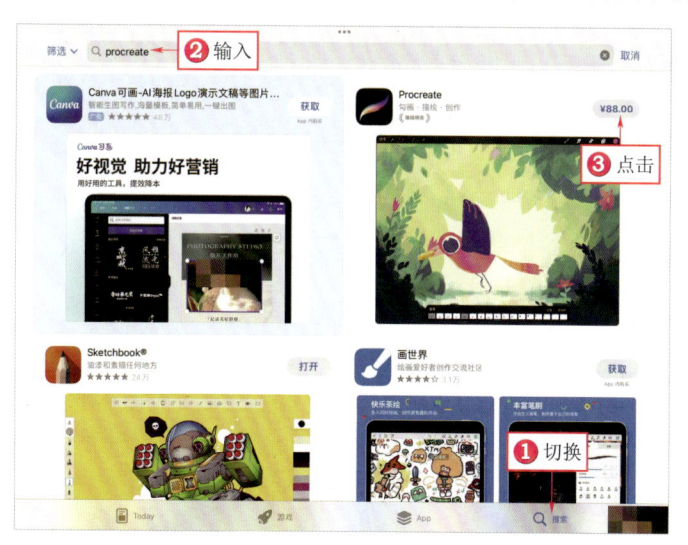

图 25-3　点击 Procreate 右侧的 ￥88.00 按钮

　　稍等片刻，下载安装成功之后，点击"打开"按钮，如图25-4所示，打开Procreate。
　　打开QQ，把笔刷素材发送到我的iPad中，在iPad中选择"书法笔刷系列"文件，如图25-5所示。

图 25-4　点击"打开"按钮

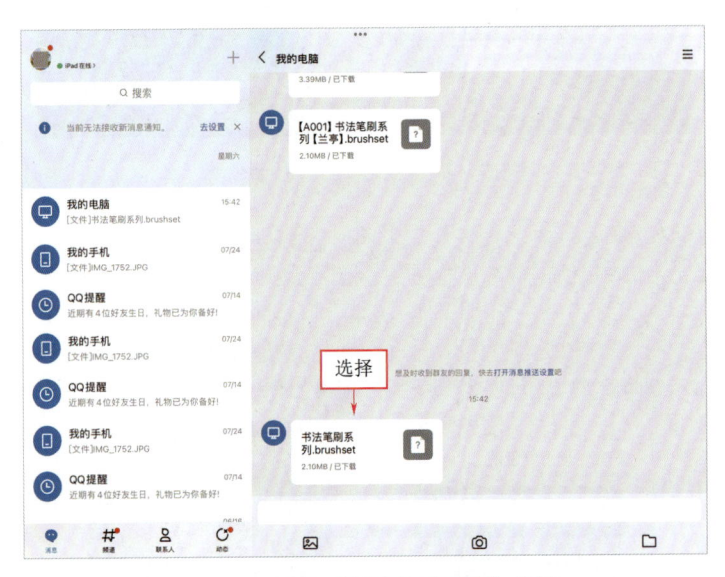

图 25-5　选择"书法笔刷系列"文件

进入相应的界面，在其中点击"用其他应用打开"按钮，如图 25-6 所示。

弹出相应的面板，在其中选择 Procreate 选项，如图 25-7 所示。

在 Procreate 中点击"画笔"按钮，即可查看导入的笔刷素材，如图 25-8 所示。

> **温馨提示**
>
> 　　在 Procreate 中，用户可以对笔刷进行分组、重命名、删除等操作，还可以根据自己的需求调整笔刷的参数设置，如颜色、大小、透明度等。

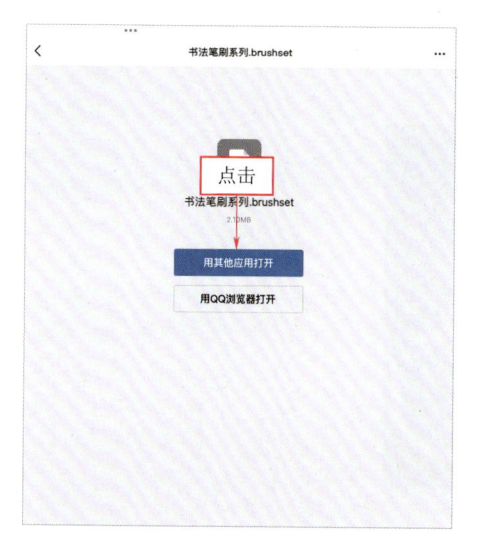

第 25 章　标题文字与封面制作：《洋湖春光》

图 25-6　点击"用其他应用打开"按钮

图 25-7　选择 Procreate 选项

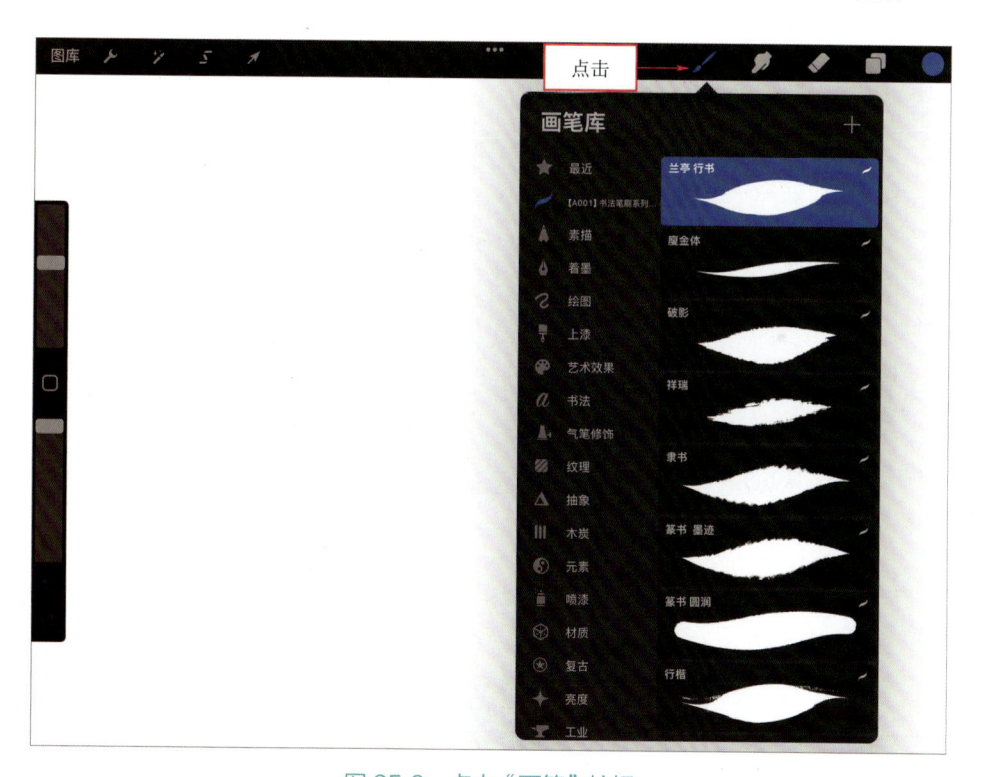

图 25-8　点击"画笔"按钮

25.2 技巧 2：在 Procreate 中手写标题

【效果展示】由于手写标题需要导入到视频剪辑软件中，所以，在描写之前，需要设置背景再进行手写，然后截图保存，如图25-9所示。一般而言，每次手写的标题都会有些不一样，这里主要介绍操作方法。

图 25-9　部分原图与效果对比

在Procreate中手写标题的操作方法如下。

打开Procreate，❶点击右上角的"新建画布"按钮；❷在弹出的面板中点击"新建"按钮，如图25-10所示。

图 25-10　点击"新建"按钮

进入"自定义画布"界面，❶在"尺寸"选项卡中设置画布名称为"手写字"；❷设置"宽度"参数为1080px、"高度"参数为2048px，如图25-11所示。

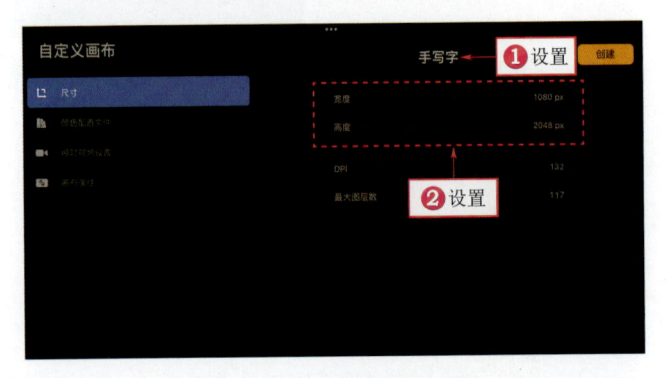

图 25-11　设置相应的参数

❶切换至"画布属性"选项卡;❷设置"背景颜色"为黑色;❸点击"创建"按钮,如图 25-12 所示,新建黑色的竖屏画布。

图 25-12　点击"创建"按钮

进入绘画界面,点击"画笔"按钮,❶在"画笔库"列表中选择"祥瑞"画笔;❷设置画笔的"尺寸"参数为 52%,如图 25-13 所示。

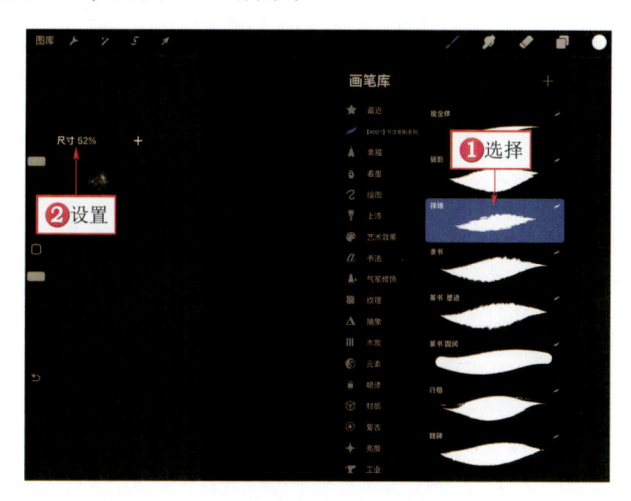

图 25-13　设置画笔的"尺寸"参数为 52%

在界面中写字,之后截图保存,如图 25-14 所示,如果写错了,可以点击左下角的"撤回"按钮,撤回上一步的操作;也可以点击"橡皮擦"按钮,擦除文字。

图 25-14　在界面中写字

打开相册，进入保存的手写字截图界面，点击"编辑"按钮，如图25-15所示。

图 25-15　点击"编辑"按钮

❶点击"裁剪"按钮；❷裁剪不需要的画面，只留下黑底白字；❸点击"完成"按钮，如图25-16所示，保存手写字文件。

图 25-16　点击"完成"按钮

25.3　技巧3：将标题文字导入到视频中

【效果展示】在写完手写字之后，接下来就需要把手写字导入到视频中。本次使用的剪辑软件为剪映手机版，操作十分方便，如图25-17所示。

将标题文字导入到视频中的操作方法如下。

打开手机应用商店App，❶在搜索栏中输入并搜索"剪映"；❷在搜索结果中点击剪映右侧的"安装"按钮，如图25-18所示，下载剪映App。

第 25 章 标题文字与封面制作：《洋湖春光》

稍等片刻，下载安装成功后，点击"打开"按钮，如图 25-19 所示，打开剪映 App。在"剪辑"界面中点击"开始创作"按钮，如图 25-20 所示。

图 25-17　效果展示

图 25-18　点击"安装"按钮

图 25-19　点击"打开"按钮

图 25-20　点击"开始创作"按钮

　　进入"照片视频"界面，❶在"视频"选项卡中选择一段视频；❷选中"高清"复选框；❸点击"添加"按钮，如图 25-21 所示。

　　在视频的起始位置点击"画中画"按钮，如图 25-22 所示。

　　在弹出的二级工具栏中点击"新增画中画"按钮，如图 25-23 所示。

　　❶在"照片"选项卡中选择手写字照片；❷选中"高清"复选框；❸点击"添加"按钮，如图 25-24 所示。

　　点击"混合模式"按钮，如图 25-25 所示。

　　❶选择"滤色"选项，去除黑色背景；❷调整文字的位置；❸在文字素材的起始位置点击◆按钮，添加关键帧；❹设置不透明度参数为 0，如图 25-26 所示。

219

图 25-21　点击"添加"按钮（1）

图 25-22　点击"画中画"按钮

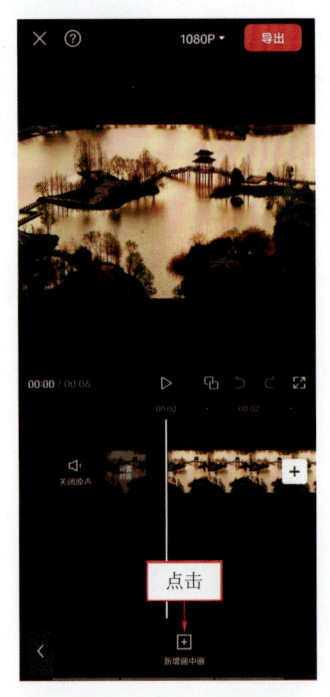

图 25-23　点击"新增画中画"按钮

图 25-24　点击"添加"按钮（2）

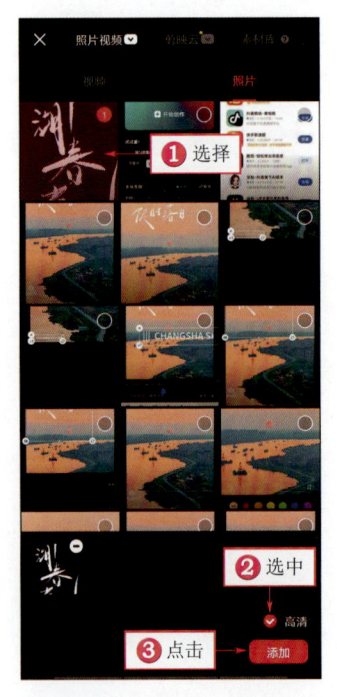

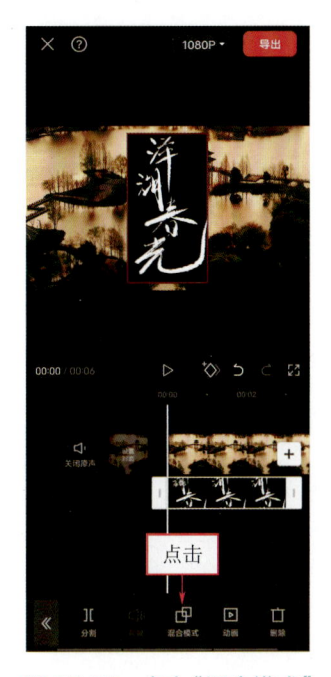

第 25 章　标题文字与封面制作：《洋湖春光》

图 25-25　点击"混合模式"按钮

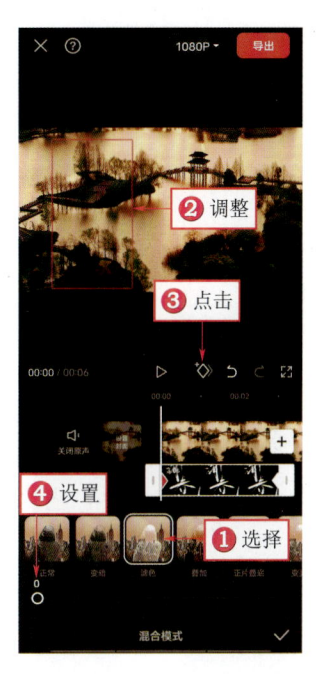

图 25-26　设置不透明度参数

❶拖动时间轴至文字素材的末尾位置；❷设置不透明度参数为100；❸点击 ✓ 按钮，如图 25-27 所示，制作文字渐渐显现的效果。

在视频的起始位置点击"文本"按钮，如图 25-28 所示。

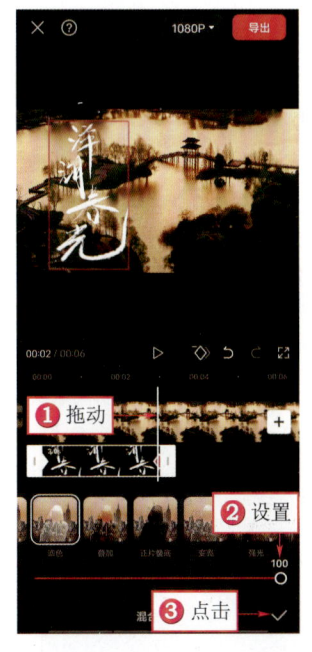

图 25-27　点击相应按钮

图 25-28　点击"文本"按钮

221

在弹出的二级工具栏中点击"新建文本"按钮，如图25-29所示。

❶输入洋湖春光的拼音文字；❷在"字体"|"复古"选项卡中选择字体；❸调整文字的大小和位置，如图25-30所示。

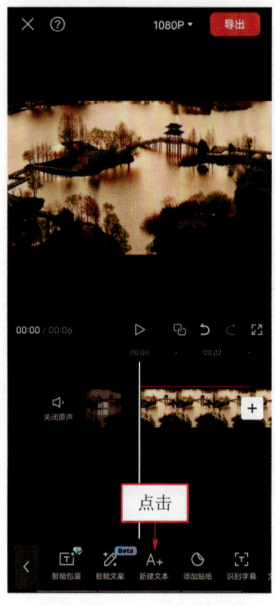

图25-29　点击"新建文本"按钮　　图25-30　调整文字的大小和位置

❶切换至"样式"|"排列"选项卡；❷选择第1个排列样式，如图25-31所示。

❶切换至"动画"|"入场"选项卡；❷选择"羽化向右擦开"动画；❸设置参数为1.7 s，让文字动起来，如图25-32所示，点击"导出"按钮，导出视频。

图25-31　选择第1个排列样式　　图25-32　设置参数为1.7 s

25.4 技巧4：在剪映手机版中制作封面

【效果展示】除了使用手写字制作标题之外，在剪映中也可以添加标题文字。制作完成后，还可以为视频添加封面，如图25-33所示。

图25-33 效果展示

在剪映手机版中制作封面的操作方法如下。

在"剪辑"界面中点击"开始创作"按钮，❶在"素材库"选项卡中选择黑场素材；❷选中"高清"复选框；❸点击"添加"按钮，如图25-34所示。

依次点击"文本"按钮和"新建文本"按钮，如图25-35所示。

❶输入文字内容；❷调整文字的大小；❸点击"导出"按钮，如图25-36所示。

图25-34 点击"添加"按钮（1）

图25-35 点击"新建文本"按钮

图25-36 点击"导出"按钮（1）

❶在"视频"选项卡中选择刚才导出的文字视频和背景视频；❷选中"高清"复选框；❸点击"添加"按钮，如图25-37所示。

❶选择文字视频；❷点击"切画中画"按钮，如图25-38所示。

图25-37 点击"添加"按钮（2）

图25-38 点击"切画中画"按钮

把文字视频切换至画中画轨道中，点击"混合模式"按钮，如图25-39所示。

❶选择"滤色"选项，去除黑色背景；❷调整文字的大小；❸点击✓按钮，如图25-40所示。

图25-39 点击"混合模式"按钮

图25-40 点击相应按钮

第 25 章 标题文字与封面制作:《洋湖春光》

点击"蒙版"按钮,如图 25-41 所示。

弹出"蒙版"面板,❶选择"线性"蒙版;❷调整蒙版线的位置;❸向下拖动 ⊗ 按钮,羽化文字的下面;❹点击"设置封面"按钮,如图 25-42 所示。

图 25-41　点击"蒙版"按钮

图 25-42　向下拖动相应按钮

默认设置第 1 帧作为视频的封面,点击"保存"按钮,如图 25-43 所示。

❶设置文字素材的时长为 1.0 s;❷点击"导出"按钮,如图 25-44 所示,导出视频。

图 25-43　点击"保存"按钮

图 25-44　点击"导出"按钮(2)

225

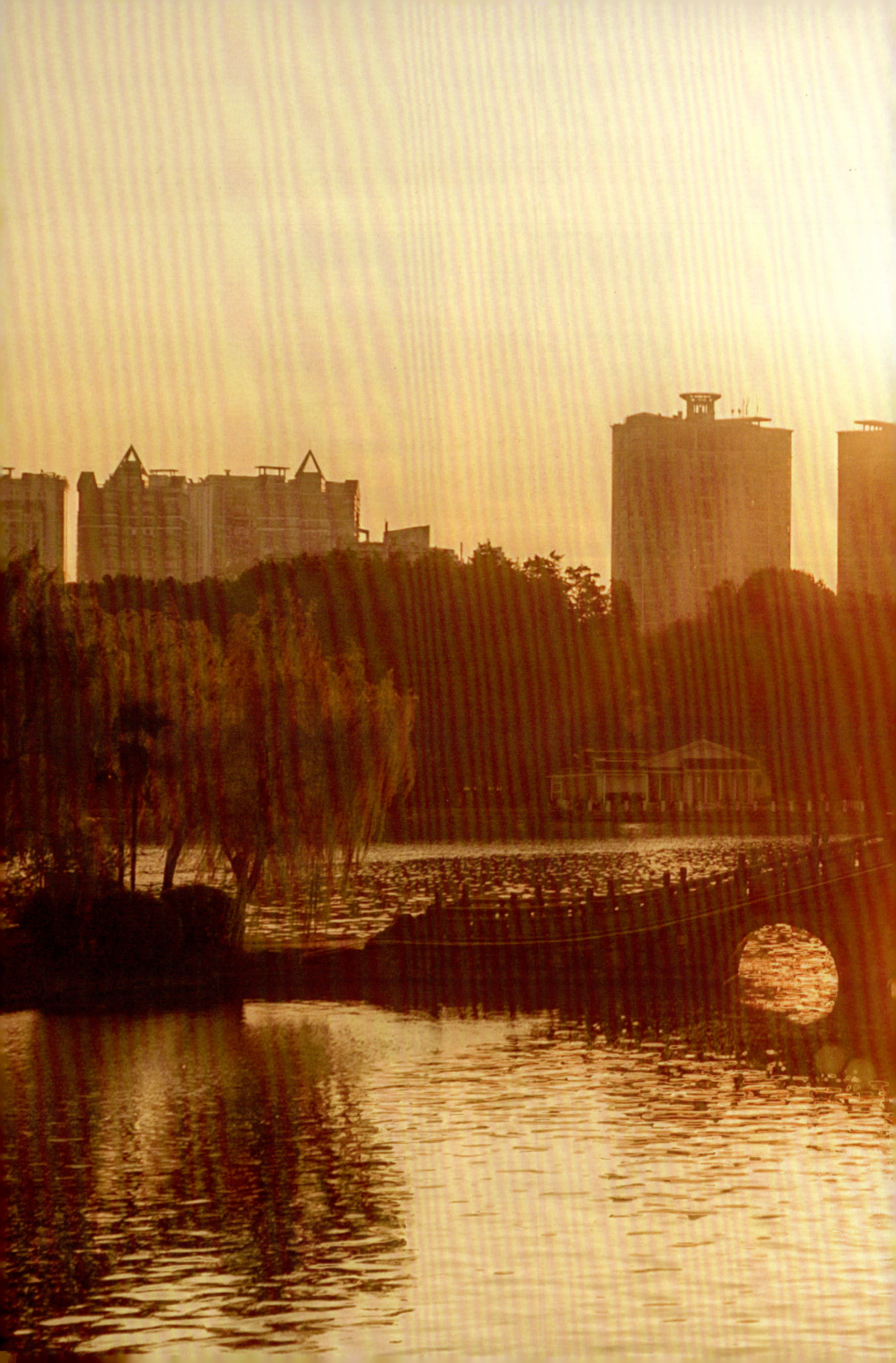

| 第26章 |

使用达芬奇进行调色：
《秀丽公园》

DaVinci Resolve，作为一款备受赞誉的影视后期制作软件，现已全面升级至DaVinci Resolve 19版本，这一版本不仅对硬件配置有更高的要求，也带来了前所未有的强大功能和兼容性。它集成了剪辑、调色、视觉特效、字幕编辑及音频处理等多种专业级工具，成功吸引了众多剪辑师、调色师及后期制作人员。本章将为大家介绍如何使用达芬奇为航拍视频调色。

26.1 技巧1：新建项目和导入素材

【效果展示】在进行本章的操作之前，首先我们来欣赏本实例的视频效果，如图26-1所示。

调色前　　　　　　　　　　　　　　　一级调色

风格化调色　　　　　　　　　　　　　电影感调色

图26-1　效果展示

在DaVinci Resolve 19中编辑视频文件时，需要创建一个项目文件才能对视频、照片、音频进行编辑。下面介绍新建项目和导入素材的操作方法。

打开达芬奇软件，进入"本地"界面，❶单击"新建项目"按钮，弹出"新建项目"面板；❷更改项目名称；❸单击"创建"按钮，如图26-2所示，新建项目。

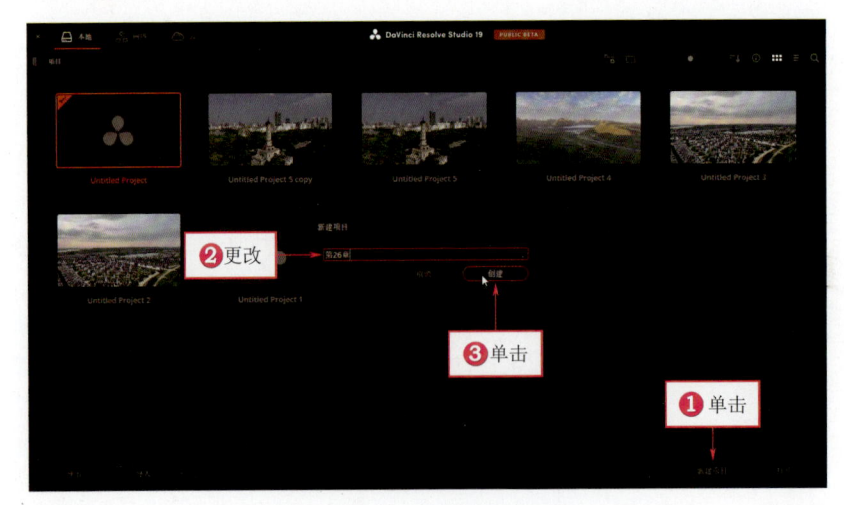

图26-2　单击"创建"按钮

进入达芬奇工作界面,单击"文件"|"导入"|"媒体"命令,如图26-3所示。

弹出"导入媒体"对话框,❶在相应的文件夹中选中视频素材和音频素材;❷单击"打开"按钮,如图26-4所示,导入素材。

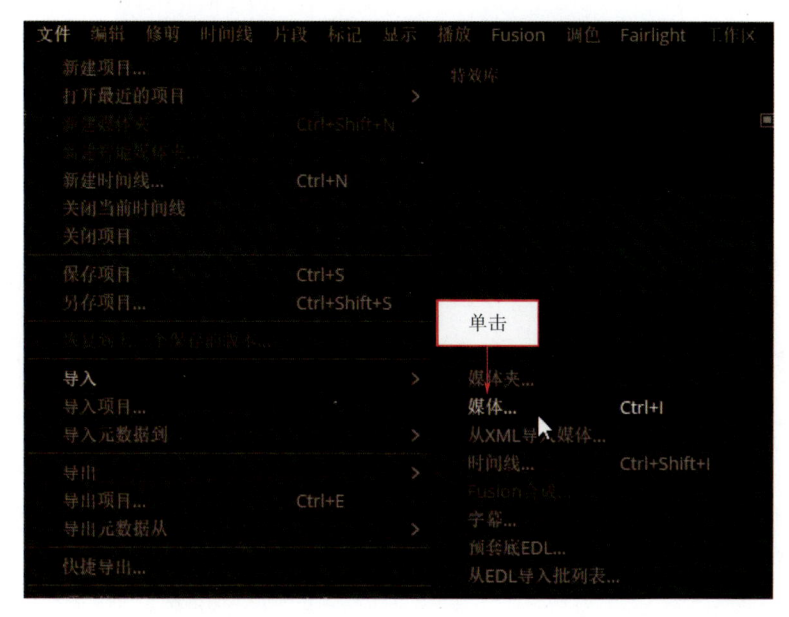

图 26-3 单击"文件"|"导入"|"媒体"命令

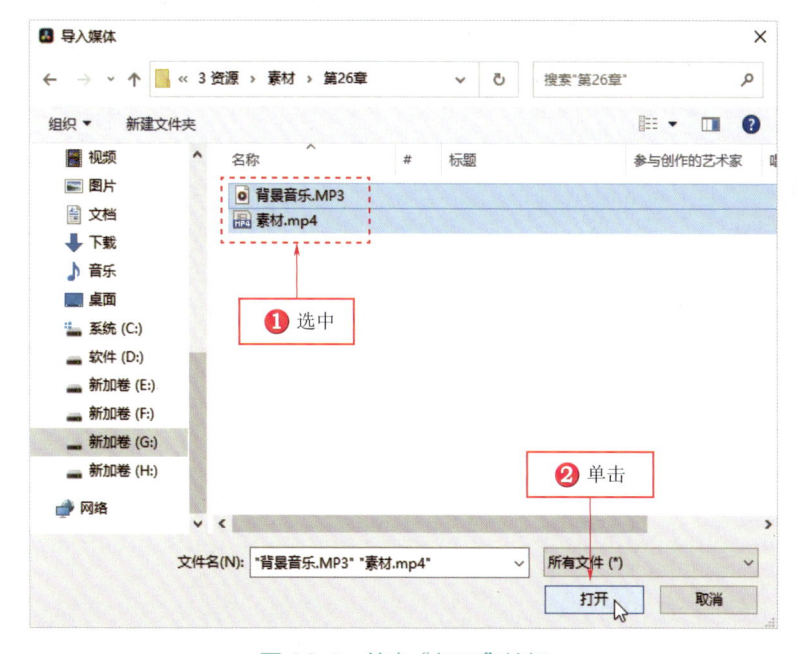

图 26-4 单击"打开"按钮

弹出相应的提示,单击"更改"按钮,如图26-5所示。

❶单击"剪辑"按钮,进入"剪辑"面板;❷将"媒体池"面板中的视频素材拖动至"视频1"轨道中,如图26-6所示。

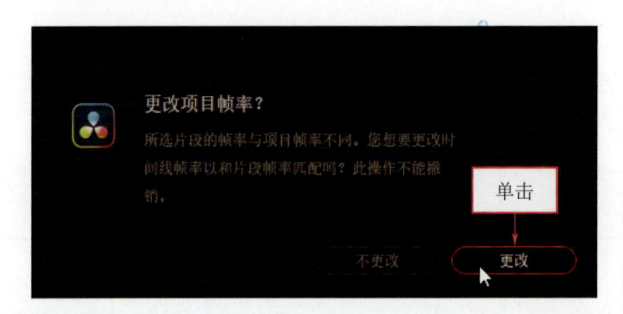

图 26-5 单击"更改"按钮

图 26-6 把视频素材拖动至"视频 1"轨道中

> **温馨提示**
>
> 在 DaVinci Resolve 19 中,一共有 7 个步骤面板,分别是媒体、快编、剪辑、Fusion、调色、Fairlight 及交付,单击相应的标签按钮,即可切换至相应的步骤面板。

26.2 技巧 2:分离片段和添加音乐

由于原素材没有音乐,用户可以删除素材自带的音频,然后添加卡点音乐,让视频更加"动听"。下面介绍分离片段和添加音乐的操作方法。

在"时间线"面板的视频素材上单击鼠标右键,在弹出的快捷菜单中选择"链接片段"选项,如图 26-7 所示,把视频和音频分离出来。

在音频片段上单击鼠标右键,在弹出的快捷菜单中选择"删除所选"选项,如图 26-8 所示,删除音频。

第 26 章　使用达芬奇进行调色：《秀丽公园》

图 26-7　选择"链接片段"选项

图 26-8　选择"删除所选"选项

将"媒体池"面板中的背景音乐素材拖动至"音频 1"轨道中，即可为视频添加新的背景音乐，如图 26-9 所示。

图 26-9　将音乐拖动至"音频 1"轨道中

26.3　技巧 3：添加标记和分割片段

　　添加标记的方法十分简单，用户可以根据标记点的位置，对素材进行分割，这可以方便后续的调色和转场处理，也避免了多次导出和导入素材的烦琐。下面介绍添加标记和分割片段的操作方法。

　　拖动时间指示器至视频 2 s 的位置，单击"标记"按钮，在轨道上添加一个标记，如图 26-10 所示。

　　用与上面相同的操作方法，在视频 4 s 和 6 s 的位置添加标记，如图 26-11 所示。

　　在视频 2s 的位置单击"刀片编辑模式"按钮，如图 26-12 所示，准备对素材进行分割。

231

图 26-10 单击"标记"按钮

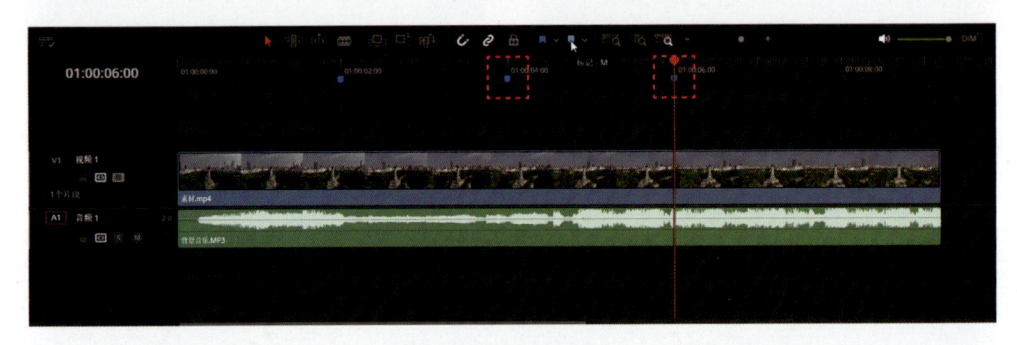

图 26-11 添加标记

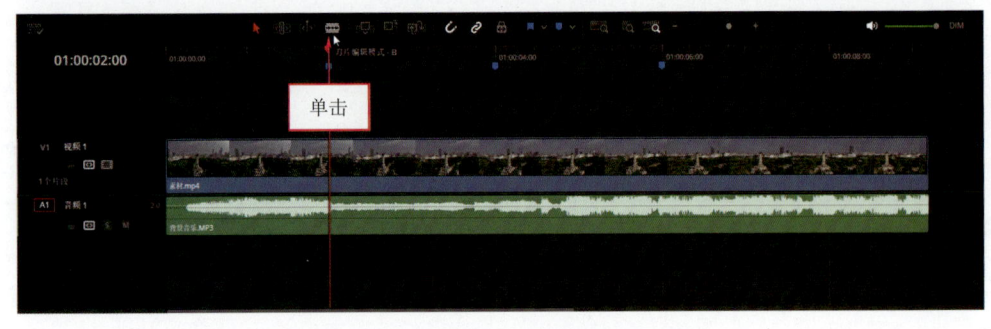

图 26-12 单击"刀片编辑模式"按钮

移动刀片工具 ![](至标记的位置，在视频素材上单击鼠标左键，将视频分割为4段，如图 26-13 所示，之后单击"选择模式"按钮 ![](，退出分割模式。

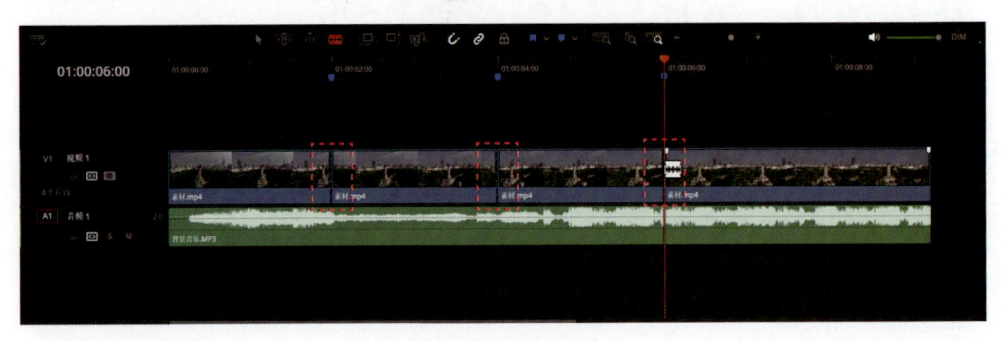

图 26-13 分割片段

26.4 技巧4：分段调色和添加转场

在调色时，用户可以为片段进行一级调色、风格化调色和电影感调色，让画面逐渐变得更亮丽。为了让片段之间的变化感更明显，还可以添加转场，让片段之间的过渡更加自然。下面介绍分段调色和添加转场的操作方法。

❶单击"调色"按钮，进入"调色"步骤面板；❷在"片段"面板中选择第2段素材；❸在"一级-校色轮"面板中，设置"阴影"参数为62.50、"高光"参数为47.00，进行一级调色，调整画面曝光，去除灰色，如图26-14所示。

图26-14 设置相应的参数（1）

在"片段"面板中选择第3段素材，在第2段素材上右击，在弹出的快捷菜单中选择"应用调色"选项，如图26-15所示，将第2段素材的调色参数应用到第3段素材中。

❶在左上角单击"LUT库"按钮，在下方的选项面板中；❷选择DJI选项，展开相应面板；❸选择第2个滤镜样式，如图26-16所示。

图26-15 选择"应用调色"选项（1） 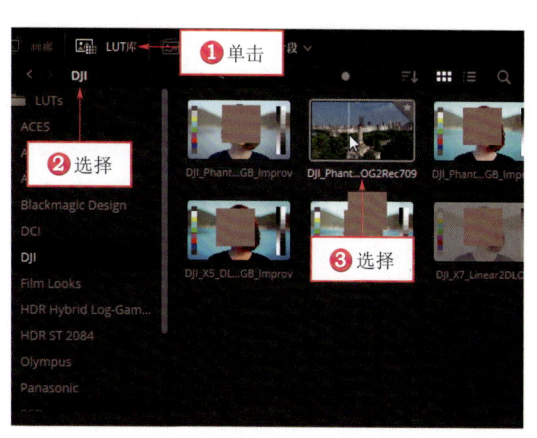   图26-16 选择第2个滤镜样式

按住鼠标左键并拖动至预览窗口的图像画面上，如图26-17所示，释放鼠标左键即可将选择的滤镜样式添加至视频素材上，提高图像中的饱和度。

展开"节点"面板，在01节点上单击鼠标右键，在弹出的快捷菜单中选择"添加节点"|"添加串行节点"选项，如图26-18所示，添加02节点。

图26-17　拖动至预览窗口的图像画面上 　　　　图26-18　选择"添加串行节点"选项

在"曲线-饱和度对 饱和度"面板中，在水平曲线上单击鼠标左键添加一个控制点，选中添加的控制点并向上拖动，直至下方面板中的"输入饱和度"参数显示为0.14、"输出饱和度"参数为1.40，如图26-19所示，让画面色彩更鲜艳一些。

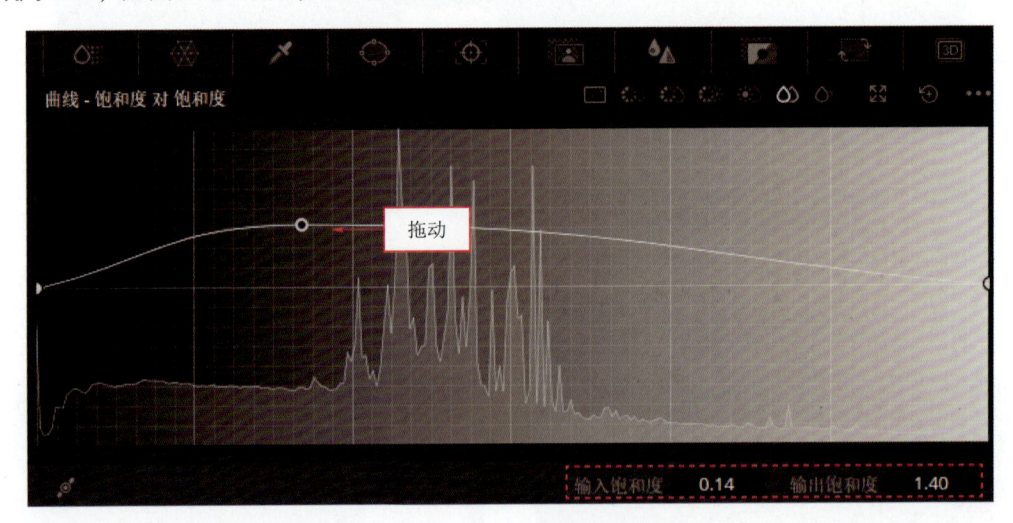

图26-19　向上拖动控制点

在"片段"面板中选择第4段素材，在第3段素材上单击鼠标右键，在弹出的快捷菜单中选择"应用调色"选项，如图26-20所示，将第3段素材的调色参数应用到第4段素材中。

在"节点"面板中添加一个编号为03的串行节点，如图26-21所示。

在"特效库"|"素材库"选项卡的"Resolve FX胶片模拟"滤镜组中选择"电影感外观创作器"滤镜，如图26-22所示，按住鼠标左键并将其拖动至"节点"面板中的03节点上。

释放鼠标左键，调色提示区显示一个图标　，表示添加的滤镜，如图26-23所示。

图 26-20　选择"应用调色"选项（2）

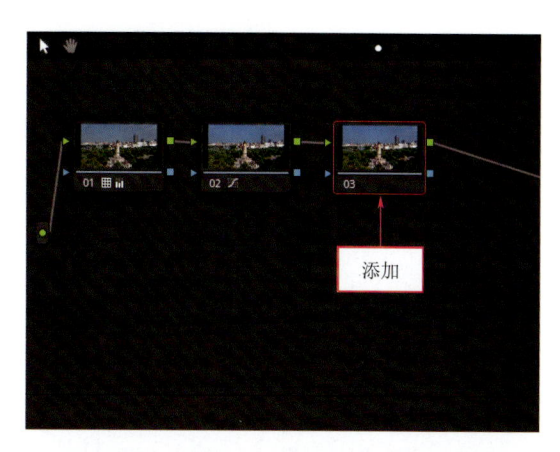

图 26-21　添加一个编号为 03 的串行节点

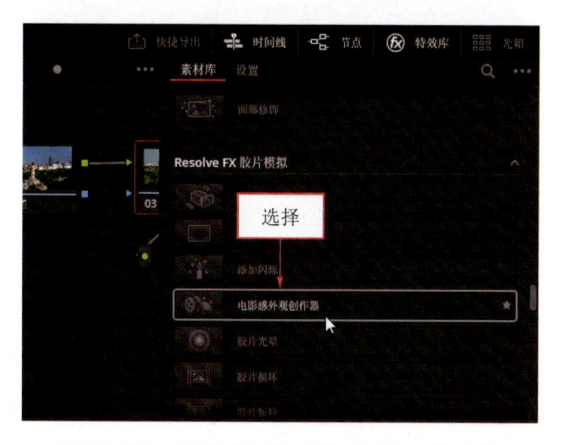

图 26-22　选择"电影感外观创作器"滤镜

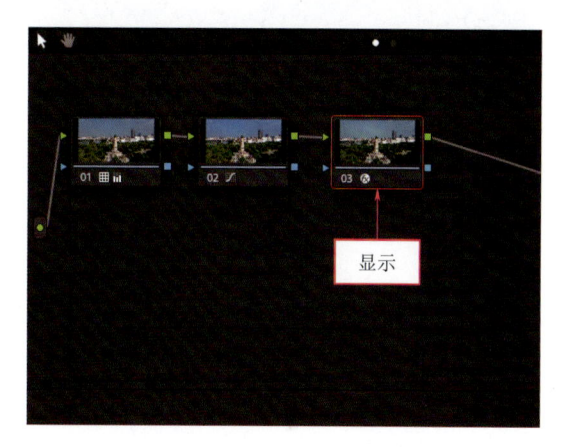

图 26-23　显示一个图标

切换至"设置"选项卡，展开"电影感外观创作器"选项区，在"预设"下拉列表框中，选择"电影感（遮幅）"选项，如图 26-24 所示，添加电影画幅效果。

设置"色彩混合"参数为 0.220、"效果混合"参数为 0.449，如图 26-25 所示，降低滤镜应用效果。

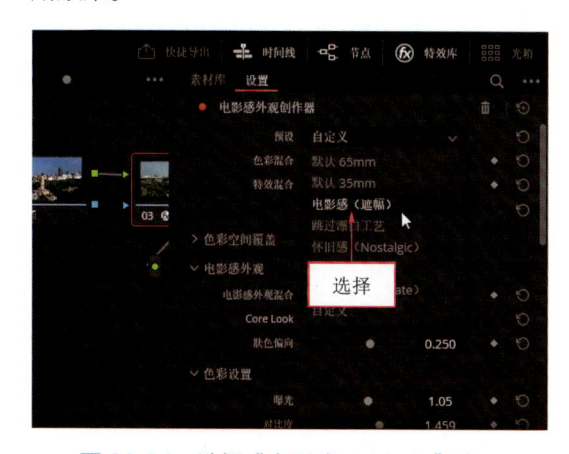

图 26-24　选择"电影感（遮幅）"选项

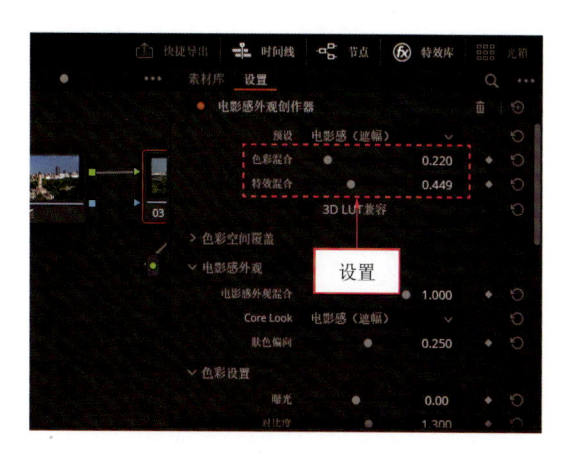

图 26-25　设置相应的参数（2）

235

在"色彩设置"选项区中设置"曝光"参数为1.05、"对比度"参数为1.459、"高光"参数为0.532，如图26-26所示，继续优化画面色彩。

在"片段"面板中可以预览3个片段的调色效果，分别是一级调色、风格化调色和电影感调色，如图26-27所示。

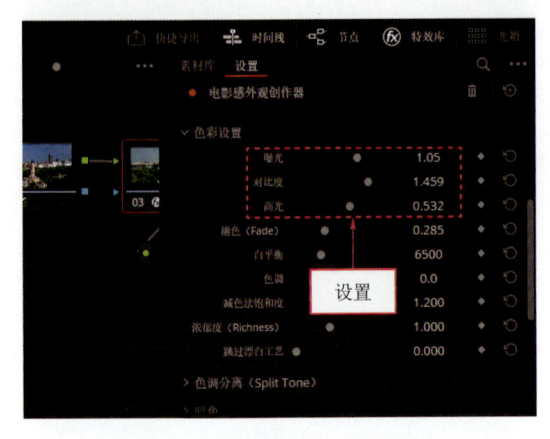

图26-26 设置相应的参数（3） 　　图26-27 预览3个片段的调色效果

切换至"剪辑"步骤面板，在"特效库"面板的"工具箱"|"视频转场"选项卡中，选择"划像"选项区中的"边缘划像"转场，如图26-28所示。

将"边缘划像"转场拖动至第1段和第2段素材之间，即可添加第1个转场，如图26-29所示。

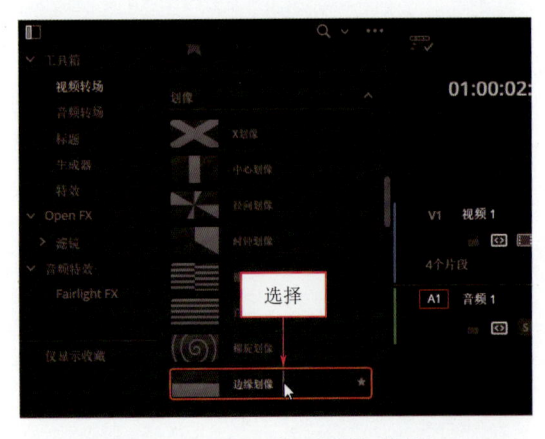

图26-28 选择"边缘划像"转场 　　图26-29 将"边缘划像"转场拖动至相应的位置

用与上面相同的操作方法，在第2段和第3段视频素材之间、第3段和第4段视频素材之间添加相同的"边缘划像"转场，并在按住【Ctrl】键同时选中3个转场，如图26-30所示。

在"检查器"面板的"转场"选项卡中设置"角度"参数为90、"时长"参数为0.6秒18帧，如图26-31所示，统一添加划像转场。

第 26 章　使用达芬奇进行调色：《秀丽公园》

图 26-30　同时选中 3 个转场 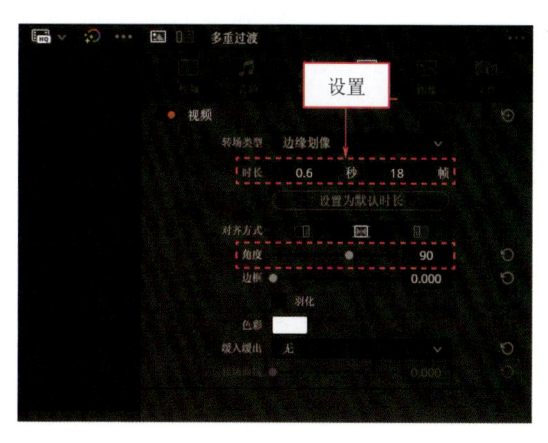　　　　图 26-31　设置相应的参数（4）

26.5 技巧 5：添加字幕和导出视频

在视频中添加字幕，既能丰富视频内容，又能直接告知观众每个视频片段之间的调色区别。在所有的剪辑操作完成后，就可以导出 MP4 格式的视频，方便后续分享到社交软件，比如微信朋友圈或者抖音等平台。下面介绍添加字幕和导出视频的操作方法。

在"特效库"面板中切换至"工具箱"丨"标题"选项卡，在"字幕"选项区中选择一个文本样式，如图 26-32 所示。

将选择的文本样式拖动至"时间线"面板上的"视频 2"轨道中，即可添加一段文本，并调整文本的时长，使其与视频的时长保持一致，如图 26-33 所示。

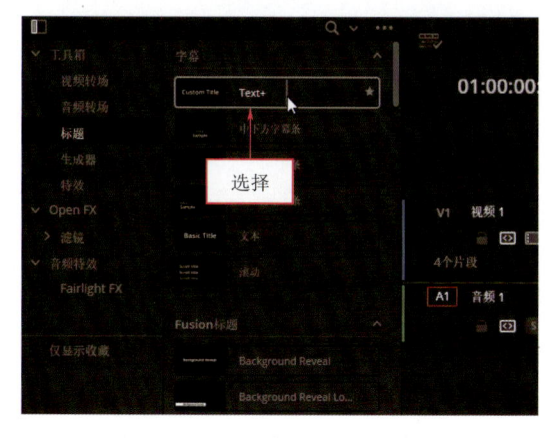

图 26-32　选择一个文本样式 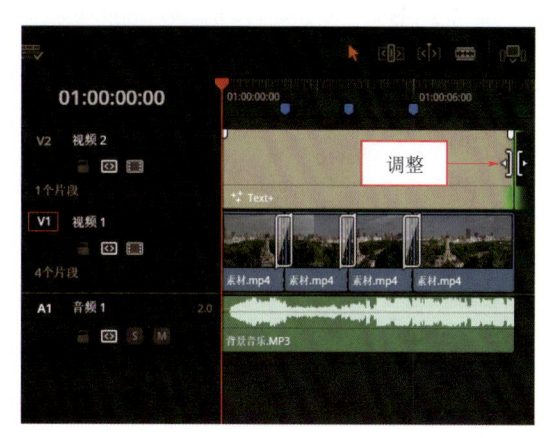　　　　图 26-33　调整文本的时长

在"视频"丨"标题"丨"布局"选项卡中设置"中心"中的 X、Y 参数均为 0.192，如图 26-34 所示，调整文字的位置，使其处于画面的左下角。

在视频 2 s 的位置单击"刀片编辑模式"按钮，如图 26-35 所示，准备对文本进行分割。

237

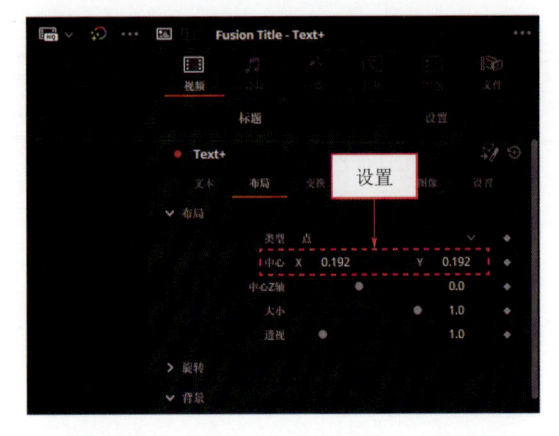

图26-34 设置"中心"中的X、Y参数 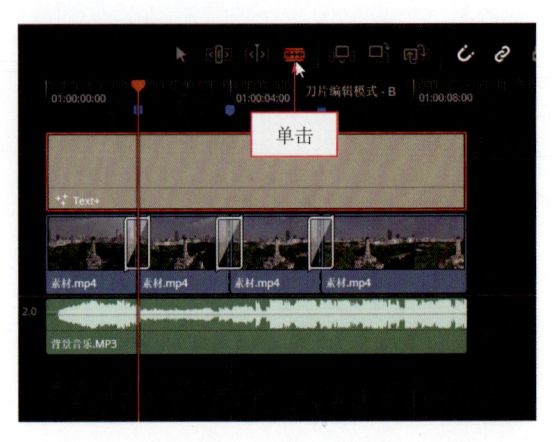　　　图26-35 单击"刀片编辑模式"按钮

> **温馨提示**
> 除了调整文字的位置，还可以设置参数调整文字的大小、角度和透视效果。

在相应的标记点上用刀片工具 将文本分割成4段，如图26-36所示，之后单击"选择模式"按钮 ，退出分割模式。

选择第1段文本，在"标题"|"文本"选项卡中更改文本内容和设置字体，如图26-37所示，同理，为剩下的3个文本片段内容都做更改，并设置相同的字体，文本内容分别为"一级调色""风格化调色""电影感调色"。

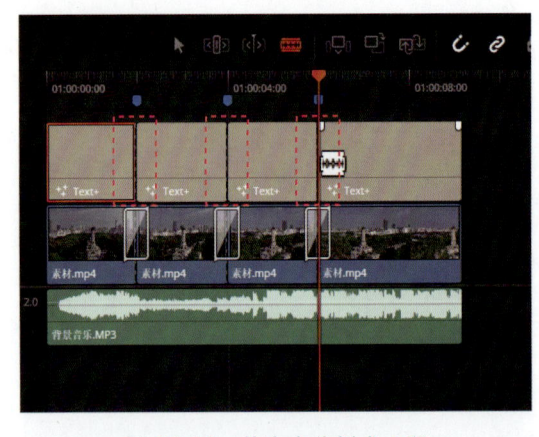

图26-36 将文本分割成4段 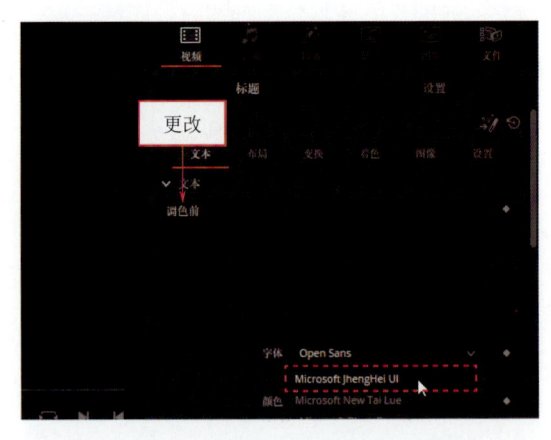　　　图26-37 更改文本内容和设置字体

在"工具箱"|"视频转场"选项卡中选择"叠化"选项区中的"模糊叠化"转场，如图26-38所示。

将"模糊叠化"转场拖动至第1段文本和第2段文本之间的位置，如图26-39所示，添加文字转场动画。

用与上相同的操作方法，在第2段和第3段文本之间、第3段和第4段文本之间添加相同的"模糊叠化"转场，并在按【Ctrl】键的同时选中3个转场，如图26-40所示。

在"检查器"面板的"转场"选项卡中设置"时长"参数为0.6秒18帧，如图26-41所示，统一添加叠化转场。

图26-38　选择"模糊叠化"转场 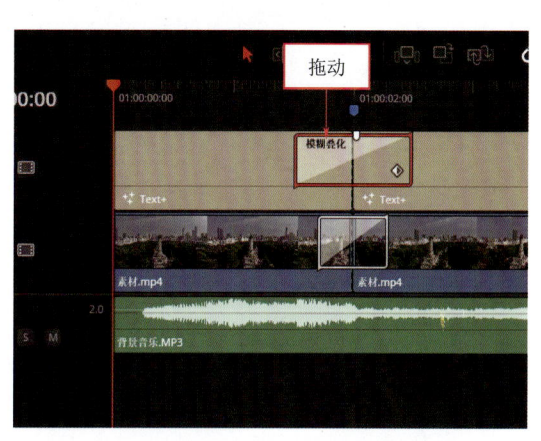　　　　　图26-39　将"模糊叠化"转场拖动至相应的位置

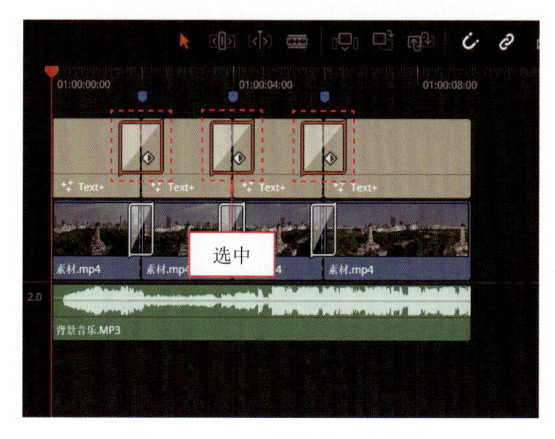

图26-40　同时选中3个转场 　　　　　　　图26-41　设置"时长"参数

操作完成后，单击"文件"|"导出项目"命令，如图26-42所示。

弹出"导出项目文件"对话框，设置相应的保存路径，单击"保存"按钮，如图26-43所示，即可保存项目，下次可以直接打开该项目，修改工程文件。

❶单击"交付"按钮，进入"交付"步骤面板；❷选择H.264编码格式；❸设置文件名、视频导出的位置、MP4格式，其他参数不变；❹单击下方的"添加到渲染队列"按钮；❺单击"渲染所有"按钮，如图26-44所示。

稍等片刻，即可渲染成功，在相应的文件中可以查看导出的成品视频，如图26-45所示。

图26-42　单击"导出项目"命令

图26-43　单击"保存"按钮

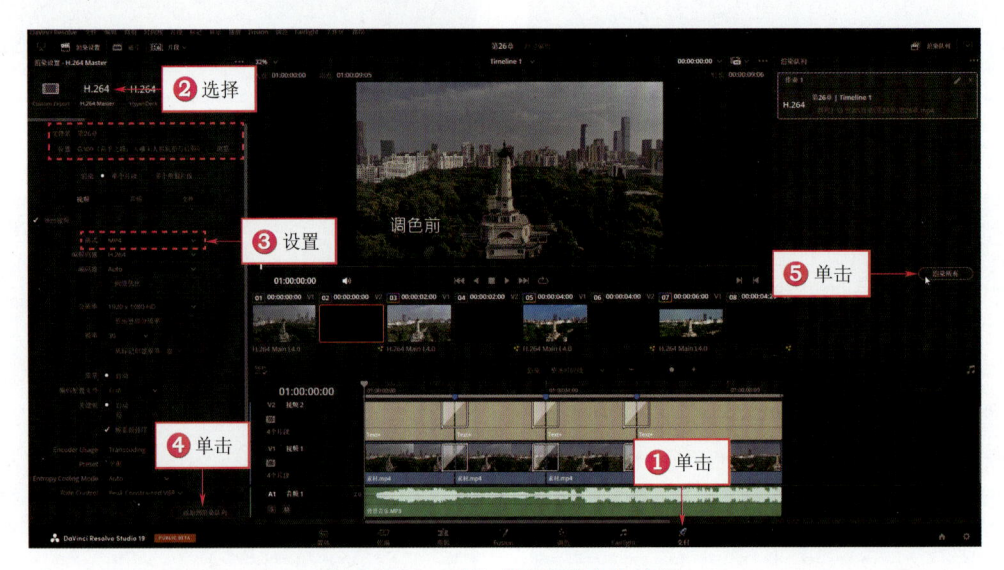

图26-44　单击"渲染所有"按钮

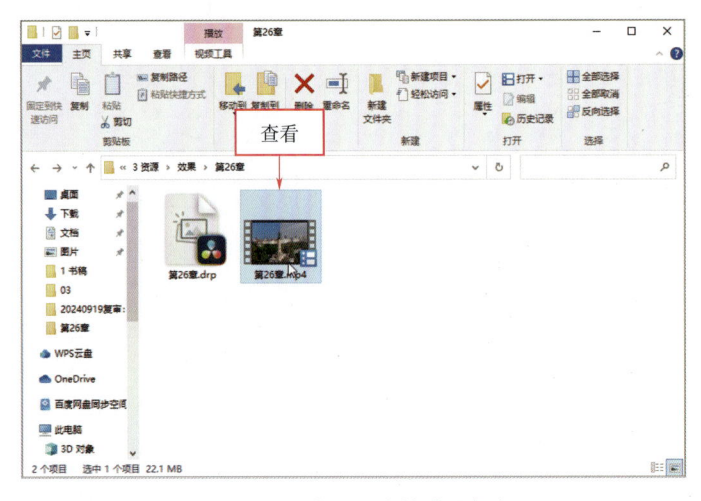

图26-45　查看导出的成品视频

| 第 27 章 |

使用剪映剪辑大片：《长沙之美》

剪映电脑版相较于手机版具有更高的性能和稳定性，能够更流畅地处理视频编辑任务。用户可以在更大的屏幕上进行操作，使视频编辑过程更加直观、方便和高效。剪映电脑版支持同时打开多个视频或图片进行编辑，在处理大量的航拍视频时，可以提高工作效率。本章主要介绍在剪映电脑版中进行综合剪辑的内容，希望用户通过对本章内容的学习，可以熟练掌握剪辑多个航拍视频素材的技巧，剪出航拍大片！

27.1 技巧1：导入素材和添加音乐

【效果展示】在进行本章的操作之前，首先我们来欣赏本实例的视频效果，如图27-1所示。

图27-1 效果展示

第 27 章　使用剪映剪辑大片：《长沙之美》

在剪映电脑版中可以全选文件夹中的素材，然后进行快速导入，再把视频素材和音频素材分别添加到视频轨道和音频轨道中。下面介绍导入素材和添加音乐的操作方法。

在电脑自带的浏览器中搜索并打开剪映官网，在页面中单击"立即下载"按钮，如图 27-2 所示，按照一般的软件下载流程，下载并安装剪映电脑版。

图 27-2　单击"立即下载"按钮

下载并安装成功之后，进入剪映电脑版首页，单击"开始创作"按钮，如图 27-3 所示。

在"媒体"功能区中单击"导入"按钮，如图 27-4 所示。

图 27-3　单击"开始创作"按钮　　　　图 27-4　单击"导入"按钮

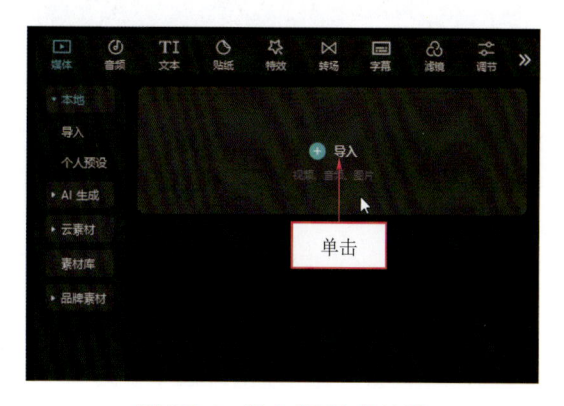

弹出"请选择媒体资源"对话框，❶在相应的文件夹中选中所有素材；❷单击"打开"按钮，如图 27-5 所示，导入素材。

选中第 1 段素材至第 11 段素材，单击第 1 段素材右下角的"添加到轨道"按钮 ➕，如图 27-6 所示，按顺序把视频素材添加到视频轨道中。

在"本地"选项卡中选择背景音乐素材，如图 27-7 所示。

把背景音乐素材拖动至音频轨道中，❶单击"添加音乐节拍标记"按钮；❷选择"踩节拍Ⅱ"选项，如图 27-8 所示，为音频素材添加标记点，这样方便后续调整视频素材的时长，一般而言，时长会对齐相应的标记，这样可以制作节奏卡点的效果。

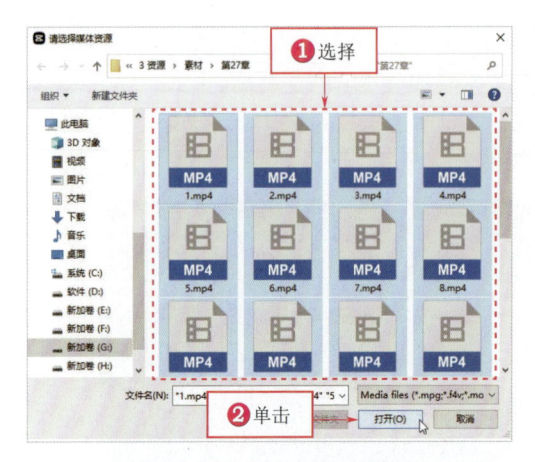

图 27-5　单击"打开"按钮

图 27-6　单击"添加到轨道"按钮

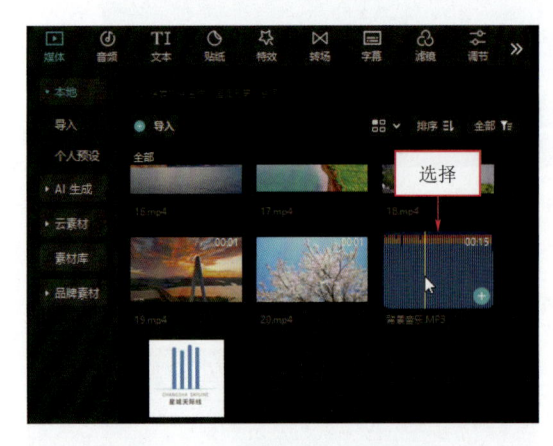

图 27-7　选择背景音乐素材

图 27-8　选择"踩节拍Ⅱ"选项

通过拖动视频右侧白色边框的方式，调整前面3段视频的时长，对齐相应的标记点，如图27-9所示。

选择第4段视频素材，❶单击"变速"按钮，进入"变速"操作区；❷在"曲线变速"选项卡中选择"子弹时间"选项，让视频画面忽慢忽快，如图27-10所示，后面的7段视频素材都添加同样的变速效果。

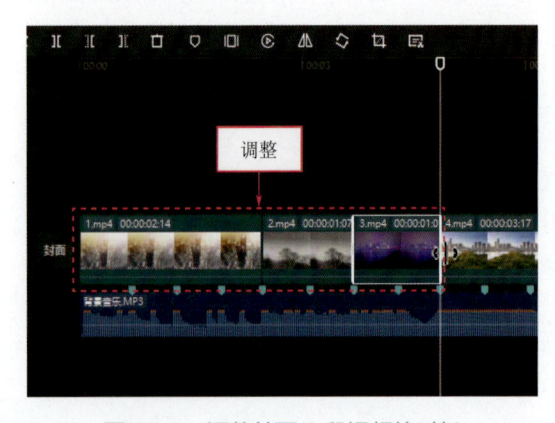

图 27-9　调整前面3段视频的时长

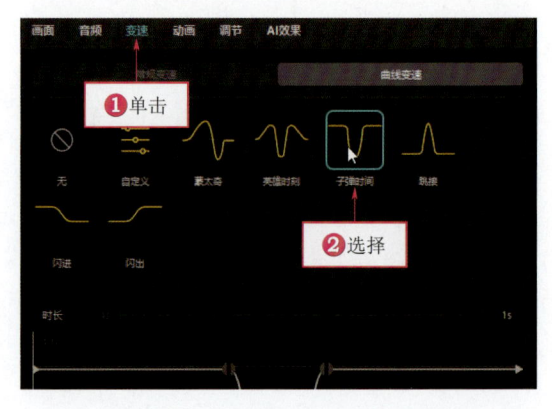

图 27-10　选择"子弹时间"选项

第27章 使用剪映剪辑大片:《长沙之美》

在视频轨道中调整后面8段视频素材的时长,使其对齐相应的标记点,如图27-11所示。

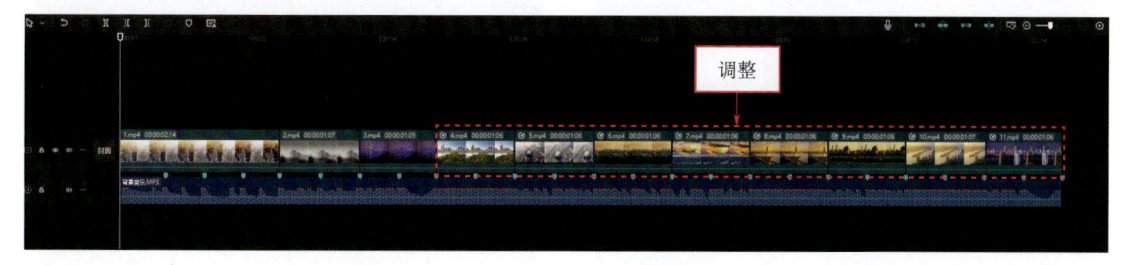

图 27-11 调整后面 8 段视频素材的时长

27.2 技巧 2:制作蒙版开场效果

为了让开场画面炫酷又吸睛,用户可以使用剪映中的蒙版和动画功能,制作动态开场效果。下面介绍制作蒙版开场效果的操作方法。

在前面3个标记点的位置,把第12段、第13段、第14段视频素材分别拖动至相应的画中画轨道中并调整其时长,使其末尾位置对齐第1段视频素材的末尾位置,如图27-12所示。

选择第1段视频素材,❶在"画面"操作区中切换至"蒙版"选项卡;❷选择"镜面"选项;❸调整蒙版的旋转角度、大小和位置,如图27-13所示。

图 27-12 调整素材的轨道位置和时长(1) 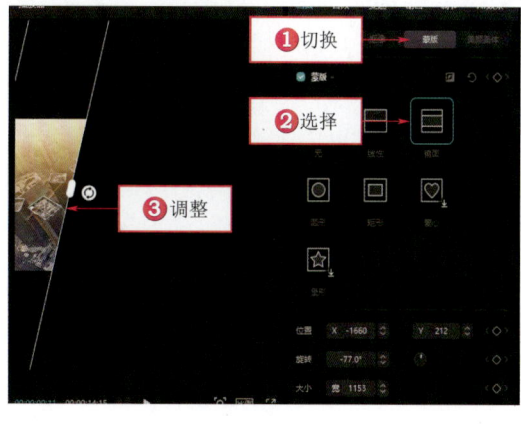　　图 27-13 调整蒙版的旋转角度、大小和位置(1)

用与上相同的操作方法,❶为3段画中画轨道中的3段视频素材都添加"镜面"蒙版,并调整其旋转角度、大小和位置,平分画面,选择第1段视频素材;❷单击"动画"按钮,进入"动画"操作区;❸选择"向下甩入"入场动画;❹设置"动画时长"参数为0.2 s,如图27-14所示。同理,为3段画中画轨道中的3段视频素材都添加同样的动画。

在第2段视频素材的上面,把第15段、第16段、第17段视频素材分别拖动至相应的画中画轨道中,并调整其起始位置和时长,使其末尾位置对齐第2段视频素材的末尾位置,如图27-15所示。

245

图27-14 设置"动画时长"参数 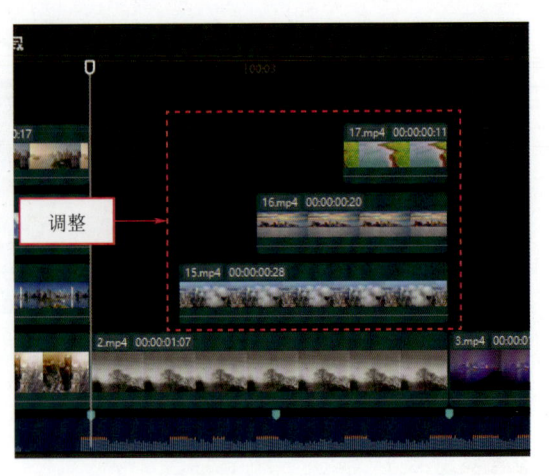　　　　图27-15 调整素材的轨道位置和时长（2）

为第2段、第15段、第16段、第17段视频素材都添加"镜面"蒙版，并调整其旋转角度、大小和位置，平分画面，如图27-16所示。

为第2段、第3段、第15段、第16段、第17段视频素材都添加"向下甩入"入场动画，并设置"动画时长"参数都为0.2 s，如图27-17所示。

图27-16 调整蒙版的旋转角度、大小和位置（2） 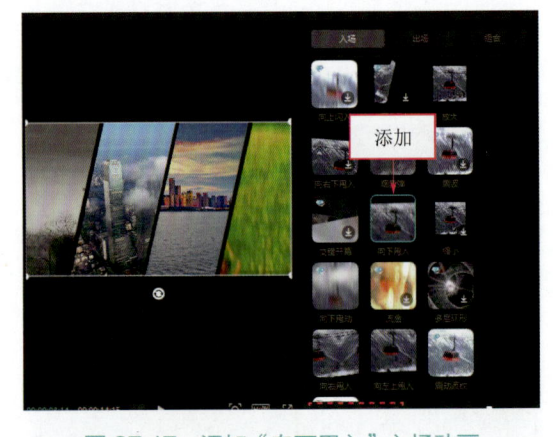　　　　图27-17 添加"向下甩入"入场动画

在第3段视频素材的上面，把第18段、第19段、第20段视频素材分别拖动至相应的画中画轨道中，调整其起始位置和时长，使其末尾位置对齐第3段视频素材的末尾位置，如图27-18所示。

为第3段、第18段、第19段、第20段视频素材都添加"镜面"蒙版，并调整其旋转角度、

温馨提示

在调整"镜面"蒙版的旋转角度、大小和位置时，并不是一次性就能调整成功的。旋转角度是固定好的，需要多次调整大小和位置，这样才能让四屏画面刚好平分一整个屏幕。

大小和位置，平分画面，如图27-19所示。第18段、第19段、第20段视频素材不用添加动画。

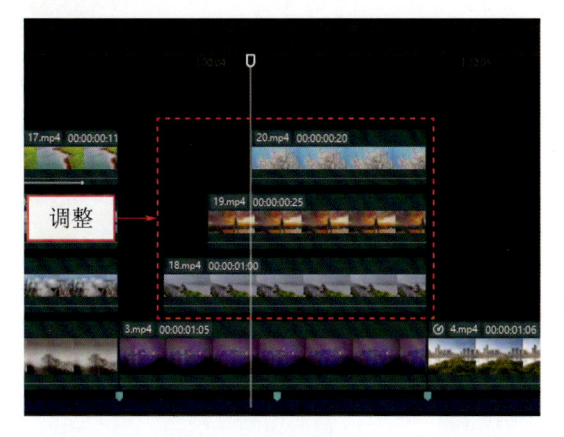

图 27-18 调整素材的轨道位置和时长（3）

图 27-19 调整蒙版的旋转角度、大小和位置（3）

27.3 技巧 3：添加特效和滤镜调色

在视频转场的时候，可以添加特效，吸引观众。为了让画面色彩更有吸引力，还可以添加滤镜，并调节相应的参数，进行调色处理。下面介绍添加特效和滤镜调色的操作方法。

拖动时间指示器至第3段视频素材中间标记的位置，如图27-20所示。

❶单击"特效"按钮，进入"特效"功能区；❷在搜索栏中输入并搜索"电视关机"特效；❸在搜索结果中单击"电视关机"特效右下角的"添加到轨道"按钮⊕，如图27-21所示，即可添加特效。

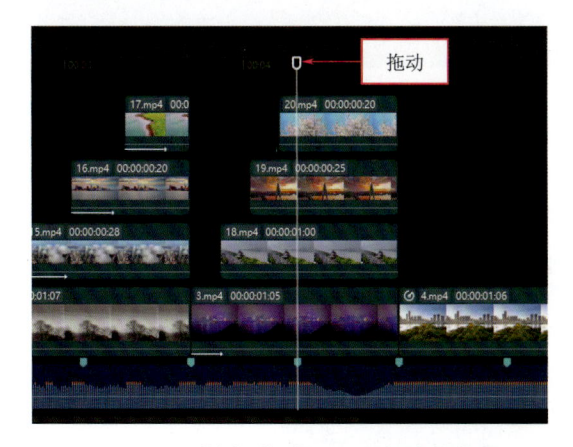

图 27-20 拖动时间指示器至相应的位置

图 27-21 单击"添加到轨道"按钮（1）

调整"电视关机"特效的时长，使其末尾位置对齐第3段视频素材的末尾位置，如图27-22所示。

拖动时间指示器至视频的起始位置，❶单击"滤镜"按钮，进入"滤镜"功能区；❷切换

247

至"影视级"选项卡;❸单击"青橙"滤镜右下角的"添加到轨道"按钮⊕,如图27-23所示,即可添加滤镜。

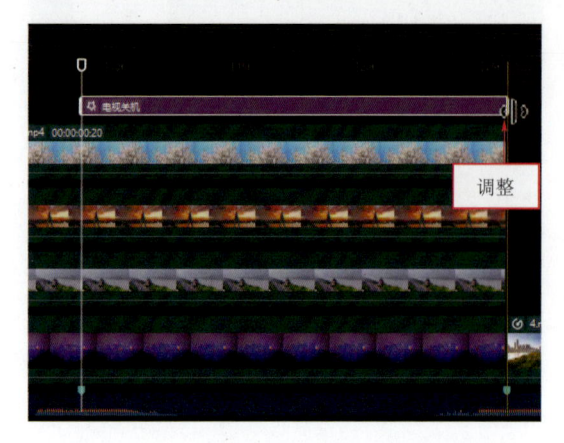

图27-22 调整"电视关机"特效的时长

图27-23 单击"添加到轨道"按钮(2)

在"滤镜"操作区中设置"强度"参数为65,如图27-24所示,减淡滤镜效果。

在视频的起始位置,❶单击"调节"按钮,进入"调节"功能区;❷单击"自定义调节"右下角的"添加到轨道"按钮⊕,如图27-25所示。

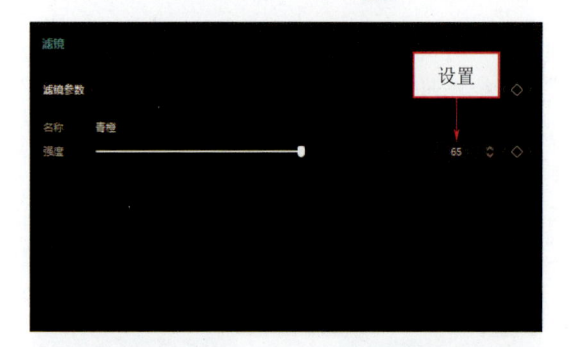

图27-24 设置"强度"参数

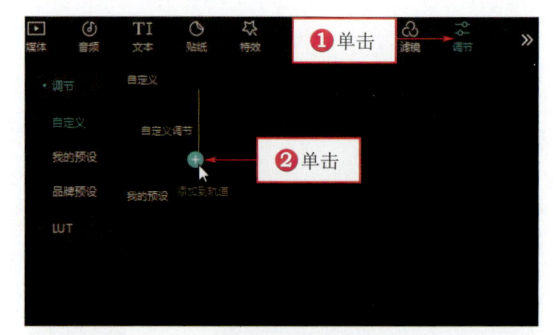

图27-25 单击"添加到轨道"按钮(3)

在"调节"操作区中设置"亮度"参数为5、"对比度"参数为6、"锐化"参数为22,如图27-26所示,微微增加曝光,让画面更清晰一些。

图27-26 设置相应的参数

调整"青橙"滤镜和"调节1"的时长，使其末尾位置对齐视频的末尾位置，如图27-27所示，统一应用调色效果。

图 27-27　调整"青橙"滤镜和"调节1"的时长

27.4　技巧4：添加标题和解说字幕

为了让观众理解视频的内容，可以为视频添加标题，让观众了解视频的主题。还可以添加解说字幕，解释航拍地点。在添加文字的时候，可以添加剪映中的文字模板，操作方便，效果好看。下面介绍添加标题和解说字幕的操作方法。

拖动时间指示器至视频00：00：00：27的位置，如图27-28所示。

❶单击"文本"按钮，进入"文本"功能区；❷切换至"文字模板"选项卡，如图27-29所示。

图 27-28　拖动时间指示器至相应的位置 　　　图 27-29　切换至"文字模板"选项卡

在"片头标题"选项卡中单击所选文字模板右下角的"添加到轨道"按钮➕，如图27-30所示，添加标题文字。

调整文字模板的时长，使其末尾位置对齐第1段视频素材的末尾位置，如图27-31所示。当然，除了添加文字模板，还可以新建文本输入文字，不过文字没有装饰和排版效果，需要自己添加和设置。

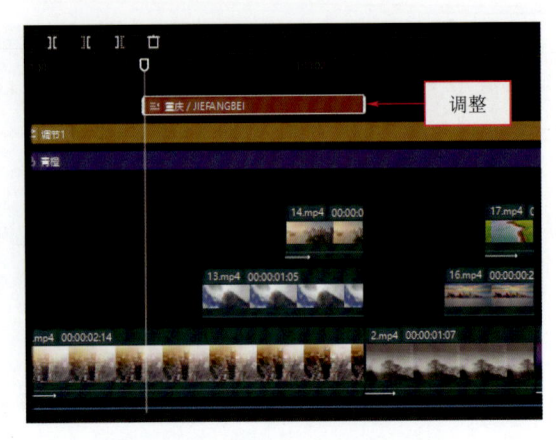

图 27-30　单击"添加到轨道"按钮（1）

图 27-31　调整文字模板的时长

❶在"文本"操作区中更改文字内容，中文和英文都需要更改；❷设置"缩放"参数为73%，缩小文字，如图27-32所示。

图 27-32　设置"缩放"参数

在第4段视频素材的起始位置，❶单击"文本"按钮，进入"文本"功能区；❷切换至"文字模板"|"标签"选项卡；❸单击"也喜欢这个"文字模板右下角的"添加到轨道"按钮➕，如图27-33所示，添加字幕。

调整"也喜欢这个"文字的时长，使其末尾位置对齐第4段视频素材的末尾位置，如图27-34所示。

在第5段视频素材的起始位置，在"文字模板"|"标签"选项卡中单击"好喜欢这个"文字模板右下角的"添加到轨道"按钮➕，如图27-35所示，继续添加字幕，并调整其时长，使其末尾位置对齐第5段视频素材的末尾位置。

复制添加好的2段文字模板，粘贴至后面的轨道中，总共添加了8段解说字幕，如图27-36所示。

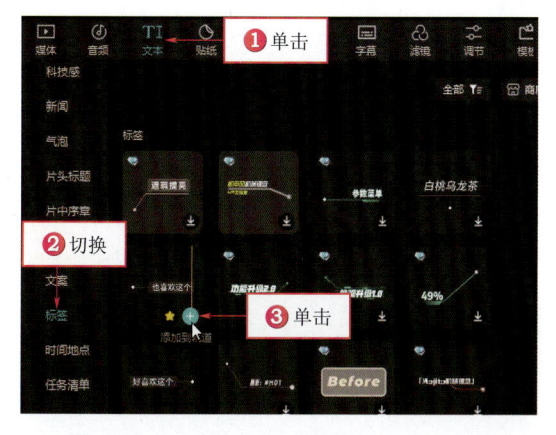

图27-33 单击"添加到轨道"按钮（2）

图27-34 调整"也喜欢这个"文字的时长

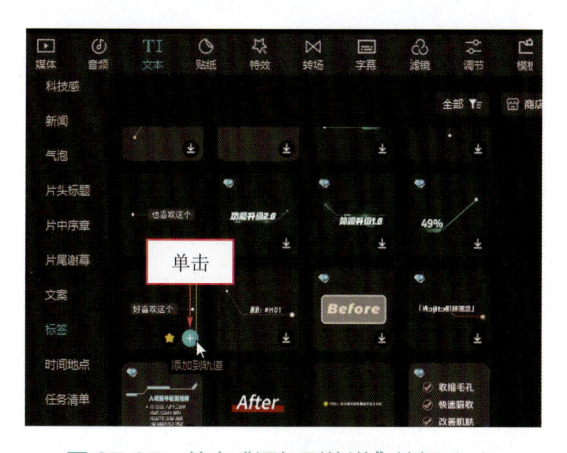

图27-35 单击"添加到轨道"按钮（3）

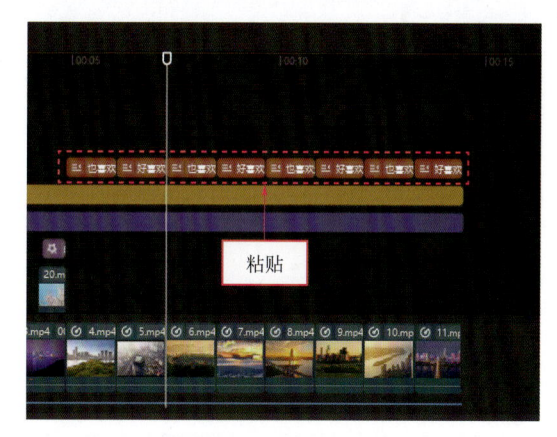

图27-36 粘贴文字模板

选择第1段解说字幕，❶更改文字内容；❷在"播放器"面板中调整文字的大小和位置，如图27-37所示。剩下的7段解说字幕都需要更改文字内容，并换成相应的地点，调整其大小和位置。

图27-37 调整文字的大小和位置

27.5 技巧5：制作求关注片尾

在视频结束的时候，可以制作求关注片尾效果，提醒观众关注作者，从而对视频进行引流。在制作片尾的时候，需要准备一张头像照片素材，可以是真人头像，也可以是文字头像，这样才能更加个性化。下面介绍制作求关注片尾的操作方法。

在"本地"选项卡中选择头像素材，如图27-38所示。

把头像素材拖动至视频轨道中，使其起始位置对齐视频的末尾位置，如图27-39所示。

图27-38　选择头像素材

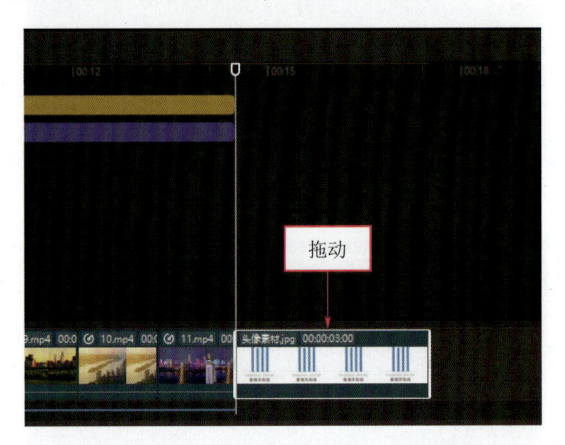

图27-39　把头像素材拖动至视频轨道中

在"播放器"面板中调整头像素材的大小和位置，如图27-40所示。

❶切换至"蒙版"选项卡；❷选择"圆形"选项；❸调整蒙版的大小和位置，使头像变成一个圆形，如图27-41所示。

图27-40　调整头像素材的大小和位置

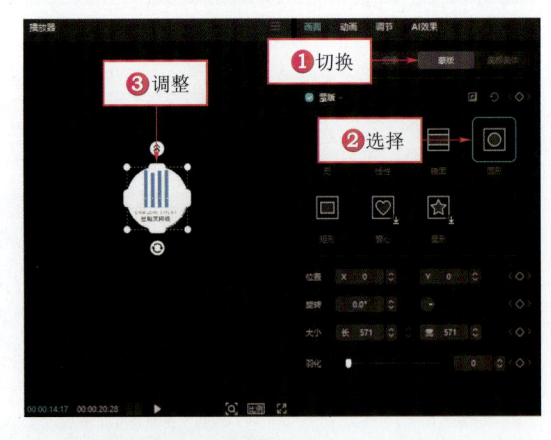

图27-41　调整蒙版的大小和位置

❶单击"动画"按钮，进入"动画"操作区；❷选择"向下甩动"入场动画，如图27-42所示。

❶切换至"出场"选项卡;❷选择"渐隐"选项,让头像素材慢慢变黑退场,如图27-43所示。

图27-42 选择"向下甩动"入场动画

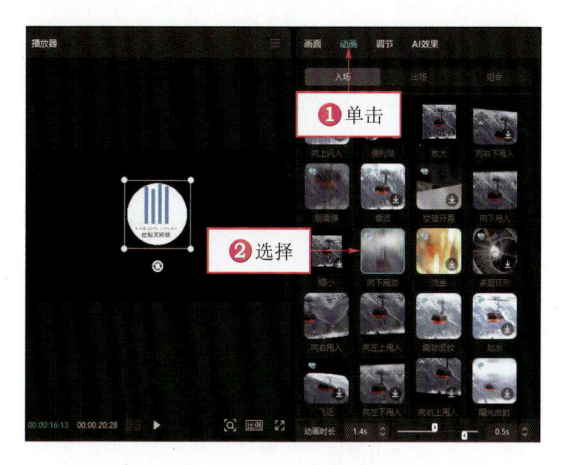

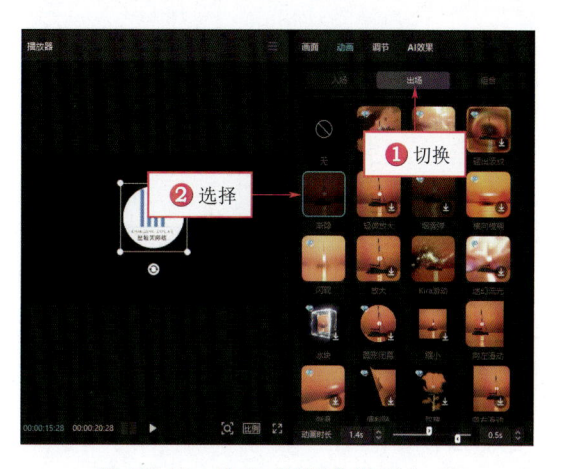

图27-43 选择"渐隐"选项(1)

在头像素材的起始位置,❶单击"贴纸"按钮,进入"贴纸"功能区;❷在搜索栏中输入并搜索"圆形边框";❸在搜索结果中单击所选贴纸右下角的"添加到轨道"按钮⊕,如图27-44所示,为头像添加边框。

❶在搜索栏中输入并搜索"加";❷在搜索结果中单击所选贴纸右下角的"添加到轨道"按钮⊕,如图27-45所示。

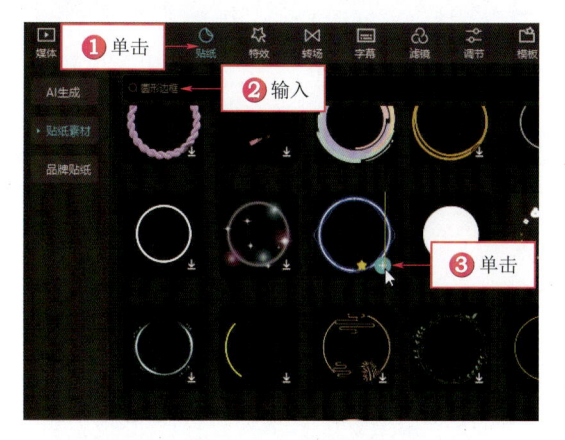

图27-44 单击"添加到轨道"按钮(1)

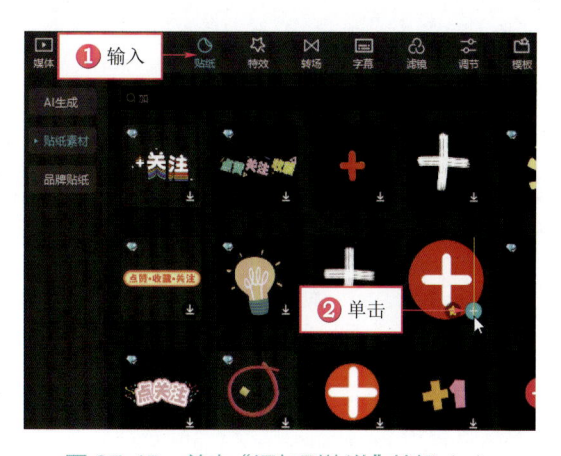

图27-45 单击"添加到轨道"按钮(2)

默认选择"加"贴纸,❶单击"动画"按钮,进入"动画"操作区;❷选择"弹簧"入场动画,如图27-46所示。

选择"圆形边框"贴纸,在"动画"操作区中选择"向下滑动"入场动画,如图27-47所示。

❶切换至"出场"选项卡;❷选择"渐隐"动画,如图27-48所示,为"加"贴纸也添加"渐隐"动画。

在"播放器"面板中调整两段贴纸的画面大小和位置,如图27-49所示。

253

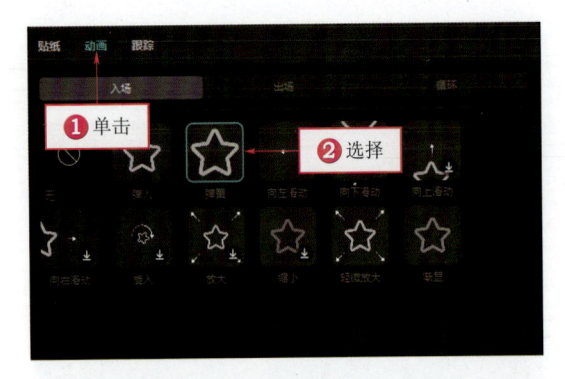

图 27-46 选择"弹簧"入场动画

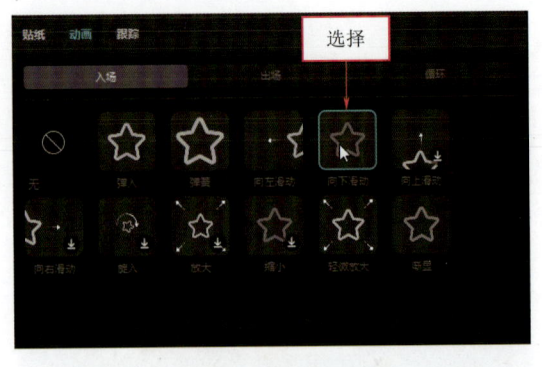

图 27-47 选择"向下滑动"入场动画

图 27-48 选择"渐隐"动画（2）

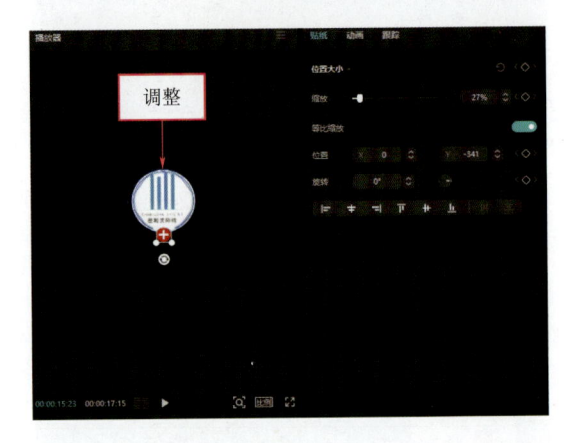

图 27-49 调整两段贴纸的画面大小和位置

在头像素材的起始位置，❶单击"音频"按钮，进入"音频"功能区；切换至"音效素材"选项卡；❷在搜索栏中输入并搜索"关注"；❸在搜索结果中单击"关注提示音"音效右下角的"添加到轨道"按钮⊕，如图 27-50 所示，添加提示音效。

在头像素材的起始位置，❶单击"文本"按钮，进入"文本"功能区；❷切换至"文字模板"|"互动引导"选项卡；❸单击所选文字模板右下角的"添加到轨道"按钮⊕，如图 27-51 所示，添加提示文字。

图 27-50 单击"添加到轨道"按钮（3）

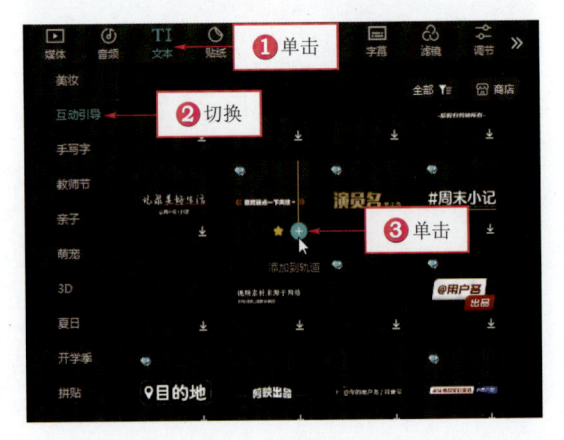

图 27-51 单击"添加到轨道"按钮（4）

调整提示文字的大小和位置,如图27-52所示。
单击视频轨道左侧的"封面"按钮,如图27-53所示。

图27-52 调整提示文字的大小和位置

图27-53 单击"封面"按钮

弹出"封面选择"面板,❶滑动选择视频帧作为封面;❷单击"去编辑"按钮,如图27-54所示。

弹出"封面设计"面板,单击"完成设置"按钮,如图27-55所示,即可添加封面。

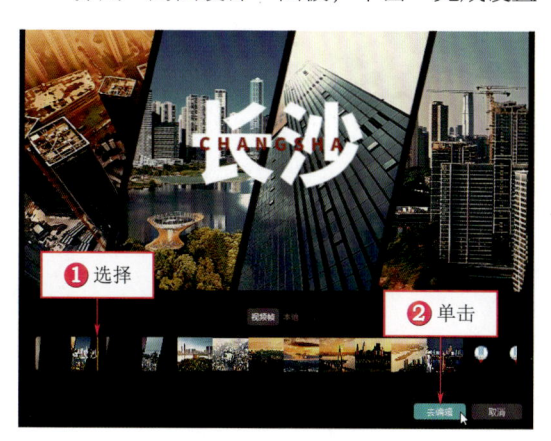

图27-54 单击"去编辑"按钮

图27-55 单击"完成设置"按钮

单击右上角的"导出"按钮,弹出"导出"面板,更改视频的"标题"和保存位置,设置"分辨率"为4K,单击"导出"按钮,导出成功之后,单击"关闭"按钮,如图27-56所示。

图27-56 单击"关闭"按钮